北京动物园
园林文化 与
历史建筑

BEIJING DONGWUYUAN
YUANLIN WENHUA YU
LISHI JIANZHU

王树标　陈　旸　丛一蓬　主编

中国农业出版社
北　京

图书在版编目（CIP）数据

北京动物园园林文化与历史建筑 ／ 王树标，陈 旸，
丛一蓬主编． — 北京 ：中国农业出版社，2022.6
ISBN 978－7－109－29494－3

Ⅰ．①北… Ⅱ．①王… ②陈… ③丛… Ⅲ．①动物园
－介绍－北京 Ⅳ．①Q95－339
中国版本图书馆CIP数据核字(2022)第095027号

北京动物园园林文化与历史建筑
BEIJING DONGWUYUAN YUANLIN WENHUA YU LISHI JIANZHU

中国农业出版社出版
地址：北京市朝阳区麦子店街18号楼
邮编：100125
责任编辑：周锦玉
责任校对：吴丽婷
印刷：北京通州皇家印刷厂
版次：2022年6月第1版
印次：2022年6月北京第1次印刷
发行：新华书店北京发行所
开本：880mm×1230mm　1/32
印张：5
字数：150千字
定价：58.00元

编写人员

主　　编	王树标	陈　旸	丛一蓬
副主编	赵　靖	罗晨威	郭　磊	郑常明
参　　编	王羽佳	赵　宁	刘晓菲	张一鸣
	刘俊岭	田雅雯	陈鼎熙	龚　静
	杨海静

序

　　北京动物园这座历史名园是首都文化建设的重要载体之一。它曾是清代乾隆、光绪两朝的皇家行宫，开创了晚清北京公园的先声，是现代动植物园以及博物馆的最早发祥地。每一段历史都为我们留下了宝贵而丰富的遗产。这里不仅融合了东西方园林艺术，也将古典皇家园林与运河文化、古都文化、民俗文化充分结合，形成了独具特色和丰富历史底蕴的专类园林。

　　地处首都的北京动物园是全国重点文物保护单位，亦是展示生物多样性成就的重要窗口。我们始终把"文化建园"作为可持续发展的建园方略之一，积极探索北京动物园古都文化的传承和复兴，致力于保护生物多样性，彰显文化自信和多元包容美德，使传之于后世，积极培育生态文化，使生态文明与传统园林文化相互融合，提高四个服务能力，使这座历史名园焕发新的活力，构建新时代高质量发展的国际一流动物园。

　　本书借助园林建筑这一文化载体，记述北京动物园园林文化与历史建筑，让游客对这座历史名园产生最直观的认识和感受，使更多的人深入了解这座名园建设的历史，体验北京动物园鲜明的文化个性和深厚的历史文化底蕴，从而更好地保护和传承公园文化。

　　希望这本书能进一步完善北京动物园的历史文化研究，使更多人加入到了解、保护、传承公园文化的行列当中，这将是我们所乐见的。

丛一蓬

2022 年 2 月

前　言

　　北京动物园地处我国文化中心的核心承载区、运河文化带，历史悠久，风景优美，早在明清时期便已闻名京师。其前身是在皇家园林基础上建设的农事试验场，在中国的近代史上有着特殊的地位和意义。

　　人们对于北京动物园的第一印象往往是其动物园的功能，而对于其作为历史名园的一面，知之甚少。这座名园的园林文化与历史建筑的变迁，揭示了其传承百余年来的文化底蕴、审美取向。透过北京动物园，我们可以了解明清时期京师百姓和王公贵族的生活方式、传统的生态观念和园林文化，也可以探寻曾经的仁人志士处于民族危机时期在这座名园中留下的"救国图强"的印记，感受1949年后公园的发展变化。为了让更多的人领略这座皇家园林的独特魅力，进而增加民族自信和文化自觉，我们将致力于把这座中国古典名园与国际一流可持续发展生态园林相融合，为园林文化的传承与发展做出不懈努力。

　　这本书在编辑和出版过程中得到公园领导的大力支持，编写人员查阅了大量资料，杨小燕老师也给予了悉心的指导，在此一并表示谢忱。

　　尽管编写人员核实查证资料付出了很大心血，但囿于自身局限，难免挂一漏万，尚待进一步完善。对于文中可能存在的遗漏和错误之处，敬请广大读者指正。

陈　旸

2022 年 2 月

目 录

第一章

京都烟柳高粱水

第一节

高梁水与北京历史名园

    中国古代城市建设非常重视城市与周边山水的关系，讲求"天人合德"的哲学思想。《析津志辑佚》有云："盖地理，山有形势，水有源泉。山则为根本，水则为血脉。"北京拥有得天独厚的地理环境，"京"本意为陡高之地，"绝高为之京，非人为之丘（《尔雅·释丘》）"。元大都和明清北京城的格局基本是三面环山，西北山涧，气候湿润，溪流遍布，小的溪流汇成大的水系，形成孕育北京的五大水系：永定河水系、北运河水系、潮白河水系、拒马河水系和沟河水系。五条水系挟带泥沙冲击形成了辽阔的平原，河流水系在平原蜿蜒流过，形成了纵横交织的河网和大大小小的湖泊、沼泽，山脉与地形平面呈现出"个"字姿态，形成了"然其百十里间，皆是环卫。无一山不顾盼，无一水不萦回（《人子须知》）"的城市地理格局。自古以来北京便有着水乡风貌。据《光绪顺天府志》记载，清末北京有河沟140条，湖潭28个，有名的泉26个。

    老北京民间有一句俗语："北京是漂来的城市。"水就像人的血液，孕育滋养着这座古老的城市。五大水系之中，永定河在北京平原上形成巨大的冲积扇，河道几经变迁，留下了众多故道遗迹，今天的什刹海、中南海、高梁河、莲花池皆为永定河故道，这些水泊后来成为影响日后北京发展的重要因素。

    辽代以后，北京成为辽国陪都和对抗北宋的军事重镇，为满足军队需要，萧太后主持开凿了一条西起南京城（今北京）、东至北运河的人工运河，即后来的萧太后河，这是北京地区最早开凿的漕运河道，也是北京大规模漕运的开端。金代迁都北京，先后开凿坝河、闸河、金口河，疏浚高粱河，通过一系列河湖整治，保证了都城漕运的畅通。

公元 1153 年金中都建立后，开凿了"海淀台地"上引瓮山泊（今昆明湖）之水，下接高粱河上源，满足了金朝的宫苑和漕运用水，这就是日后所见的长河。

元朝建都北京，由于金都已成废墟，莲花池水系难以满足都城的需要，遂将都城建立在水量更为充裕的高粱河下游。为给护城河和城内水泊园林供水，元朝还在都城西北疏通了两条供水河道，一条是专为什刹海和护城河供水，满足漕运和防卫需求的白浮－瓮山－高粱河引水渠。据《元史》记载，作为京杭大运河北京段的通惠河自昌平县白浮村开导神山泉，西南转，循山麓，与一亩泉、榆河（温榆河元代旧称）、玉泉诸水合，自西水门（西直门旧称）入都，经积水潭为停渊，南出文明门（崇文门元代旧称），东过通州至高丽庄入白河。而另一条河道为皇家御用水道金水河，引西山玉泉，入太液池。元代高粱河水系不仅对于世界著名城市元大都的选址建设具有重要作用，还担当着当时输水和漕运的重任。通过众多河流水泊的连接，元朝建立了完美的城市水利格局，集城市补给、防洪、防卫、漕运、园林等多种功能于一身。元代蒙古族著名诗人马祖常，曾以凝练的诗句描绘出一幅高粱河营造大都皇城优美风光的画面：

天上名山护北邦，水经曾见驻高粱。
一舸清浅出昌邑，几折萦回朝帝乡。
和义门边通辇路，广寒宫外接天潢。
小舟最爱南薰里，杨柳芙蕖纳晚凉。

——（元）马祖常　选自《析津志辑佚》

元统治者建立了完善的漕运体系，以至于后来明清时期北京对于漕运颇为依赖，城市建设中基本沿用了这一水网体系。乾隆年间，乾隆为了大力发展农业，解决西郊园林用水和下游京城用水的矛盾，同时也为了使风景更加诗情画意，他考证了长河水源头及西山一带水资源，写下了《麦庄桥记》《万泉庄记》《天下第一泉记》等御制调研报告，形成了一个"改变三山五园风貌"的宏大水利规划，并用十年时间逐渐实施。这一水网体系，促进了农业大发展，使北京西北郊面貌和功能有了进一步改变和提升，实现了人工与自然的完美融合。结合了水体规划的三山五园使中国古代造园艺术提升到了一个新的历史高度，也成为北京的一张金名片。

第二节
北京的"清明上河图"

如果说永定河是北京的母亲河，高粱河就是它的主动脉。高粱河是元代建都的主要依托水系，贯穿北京城的心脏地带，在北京城的历史文化建设中占有十分重要的地位，不仅为北京城市的发展提供水源、保障补给，同时也在"润物无声"地滋润着城市的灵魂，培育着城市优雅的气质。在这条水系周边，孕育了大大小小的园林。

春湖落日水拖蓝，天影楼台上下涵。
十里青山行画里，双飞白鸟似江南。

500多年前，大诗人文徵明在北京盘桓数日后，写下了这样的诗句。诗中描绘的北京一派水乡风情，相较于江南园林的明媚秀丽、淡雅朴素、曲折幽深，以水为素材营建的北京园林更加富丽堂皇、布局严谨，并且厚重沉稳。这些园林在改善人居环境的同时，也点缀着城市的面貌，让这座城市在艺术上得到极大的升华。

明清时期京城就有"天坛看松、长河看柳"之说，《帝京景物略》中也提到"岁清明桃柳当候，岸草遍矣，都人踏青高梁桥"。就连《北梦录》也有记载："高梁桥在西直门外，京师最胜地也。两水夹堤，垂杨十余里，流急而清，鱼之沉水底者鳞鬣皆见。精蓝棋置，丹楼朱塔，窈窕绿树中。而西山之在几席者，朝夕设色以娱游人。当春盛时，城中士女云集，缙绅士大夫非甚不暇，未有不至其地者也。"主要原因是俗传四月八日浴佛节，北京民间有放生和吃结缘豆、焚香拜观音求子等习俗。沈榜在《宛署杂记》上说："无长少竞往游之，各携酒果音乐，杂坐河之两岸，或解裙系柳为围，妆点红绿，千态万状，至暮乃罢。"长河夹岸高柳，丝垂到水。绿树绀宇，酒旗亭台，广亩*小池，荫爽交匝……，沿途古迹众多，令人心旷神怡。

吸引人们至此踏青的不仅是诗画般的景色，更有丰富多彩的表演："厥有扒竿、筋斗、筋喇（弹拨说唱）、筒子（变戏法）、马弹解数（马术、杂技）、烟火、水嬉。"扒竿者"立竿三丈，裸而缘其顶"，人在高空如履平地般做着各种高难度动作。再看耍筒子者，置三筒在案，先示众人以空，之后便是"见证奇迹的时刻"，但见"发藏满案，有鸽飞，有猴跃焉"。眨眼间，诸物"已复藏于空"。此外更有各式烟火，做成鱼鳖等形状，"燃而没且出于溪，屡出则爆，中乃其儿雏，众散，亦没且出，烟焰满溪也"（《帝京景物略》卷五）。这一切就如同一场盛大的嘉年华。

---

* 亩为非法定计量单位，1 亩 =1/15 公顷。——编者注

在《贲趾山房诗集》——明代朱茂炳《清明日过高粱桥作》中写道：

其一

高粱河水碧萦环，半入春城半绕山。

风柳易斜摇酒幔，岸花不断接禅关。

其二

看场压处掉都卢，走马跳丸何事无。

那得丹青寻好手，清明别写上河图。

据史料记载，"游人以万记，簇地三四里。"人们或乘舆或骑马或徒步，扶老携幼，搭上简易的棚席，在草地上铺一层毛毡，坐下便开始欣赏春景，在姹紫嫣红中纵酒豪歌，俨然一副明清时期《清明上河图》的复现景象。

明代时，高粱河改名为玉河，取玉泉山水之意。高粱河则是玉泉诸水引入京城的唯一河道。及至清代，随着清漪园（慈禧重建为颐和园）、圆明园的建成，皇帝后妃从高粱河坐船去御苑行宫居住游玩，高粱河遂被称为御河。而这条河道便是您今天看到的贯穿北京动物园东西两端的长河河道。两岸的杨柳和点景树在种植和养护上更加用心，加之大佛寺、万寿寺、紫竹院、乐善园等寺庙园林的点缀，高粱河沿线愈发风光亮丽，其色及至清末依然不衰。

第二章 河畔名园气象

风景秀丽、精舍林立的河畔在明清时期便已是北京西北郊风景名胜区的一个组成部分，这与水的联系密不可分。清朝康熙年间，在西郊建成常年居住的离宫畅春园以后，康熙皇帝经常往来于京城皇宫和西郊御园之间，于是康熙皇帝开始了疏浚长河的工程。其后乾隆皇帝也进行了大规模的修建，将其建为长达 12 千米的皇家专用水上游览线——长河御道。为了在中途休息和进餐，还在长河沿岸修建了几座行宫：乐善园、倚虹堂、五塔寺、万寿寺以及紫竹院行宫。当时皇帝在紫禁城与海淀间往返主要分陆路和水路，而水路多是从紫禁城经西直门过高梁桥，到倚虹堂行宫从码头换御舟，再经乐善园、真觉寺等处，有时还会做短暂停留，到广源闸因水位高度不同，换乘另一艘御舟，再前往万寿山、清漪园、畅春园、圆明园等处。冬季有时还会乘坐冰床经长河回紫禁城。河水为两岸的园林增加了几分灵气，浸润着这方土地，滋养着万物，也丰富着人们的精神。北京动物园这块风水宝地得益于水，在明清时期便深得皇家及百姓青睐。

　　我们从北京动物园前身——农事试验场的组成部分，即乐善园、继园、广善寺等来一同领略一下其鲜为人知的历史和风采。

第一节
乐善园

明代乐善园曾作为皇庄，乾隆题《乐善园》诗中曰："结构逾绿野，胜国为皇庄。"明张岱《夜航船》云："灭人之国曰胜国，言为我所胜之国也。"左氏曰："胜国者，绝其社稷，有其土地。"这首诗里乾隆指明为胜国，即清所胜之国。清为昭代，即本朝。诗中指出此处在明代为皇室经营的庄田。

乐善园第一任主人是顺治年间八大铁帽子王之首代善的孙儿——和硕康亲王杰书。因其在平耿精忠之乱中立有战功，康熙帝为褒奖其功，赐其在西郊高梁桥西修建别业，名乐善园，时称康亲王花园（今北京动物园内）。杰书故后，亲王爵由其第五子椿泰继袭。康熙四十八年（1709年），椿泰卒，其子崇安袭康亲王。崇安卒于雍正十一年（1733年），再有其叔，杰书第四子巴尔图袭爵，乐善园归其所有。

乾隆初年时，乐善园已荒败，但基础还在。乾隆舟行长河曾慨叹乐善园荒废："鼎革属故藩，百载移星霜。宴游既冷落，草树就芜荒。亭榭早已无存，半立余颓墙。地邻长河岸，来往泛烟航。凭眺念兴废，为之长慨慷。"

乾隆十二年（1747年），康亲王巴尔图因乐善园地邻长河岸，为便于乾隆帝往来畅春园与太后问安行舟，便奏请将乐善园交内务府管理。乾隆允其所请。

乐善园经修葺后充作皇帝水上御道泛舟时休憩和进膳的行宫，由内务府奉宸苑管辖。自此，乐善园变成皇帝的行宫，重新兴盛起来。在清代中期，供帝王园居游赏行猎的园囿有15座，分为以下5类：

以恒莅政的圆明园，以奉东朝的畅春园，以备岁时观省和往返膳憩的三山和乐善园，以供蒐狩的南苑，用以避暑和秋狝巡礼的京北和塞外三行宫。其中乐善园和三山同属于以备岁时观省和往返膳憩的功用。

乐善园的名字颇得乾隆心意，因此重修后的乐善园，仍然沿用旧名，并由乾隆题写门额。乾隆曾多次作诗对乐善园沿用原名做出解释，如《题乐善园》中提到："乐善始康邸，取义东平苍。……园名仍旧称，况我曾颜堂！"指的是乐善园建设始于康亲王，乐善取自为善最乐（语出《后汉书——东平宪王苍传》）。汉明帝尝问东平王刘苍："为国何最乐？"王曰："为善最乐。"《自高梁桥泛舟长河游乐善园》亦有诗云："缅想命名时，先得吾心款。讵云希东平，孰不应乐善？"

乾隆还是皇子时居住在大内的书房名为"乐善堂"。康熙六十一年（1722年）十二月雍正帝即位，作为皇子的弘历随父皇迁居紫禁城内的西二所。乾隆即位后，将西二所大加修缮，改名为重华宫。进入重华宫第一重宫殿名为崇敬殿，殿内正中间就是弘历读书写作之处——乐善堂，其父雍正皇帝御笔书写的"乐善堂"三字的匾就悬挂在迎面墙上。弘历以"乐善"颜其堂，他说："乐善堂者，盖取大舜乐取于人以为善之意也。夫孝悌仁义乃所谓善也，人能孝以养亲，悌以敬长，仁以恤下，义以事上，乐而行之，时时无忌，则能因物付物，以事处事而完索性之本体矣。"简而言之，"善"就是孝悌仁义，而"乐"则是以实践这些美德为乐。乾隆皇帝以"东平乐善"为勉，这是他青少年时期对于以汉文化为主的中国传统文化精髓的一些认知和感悟。

乐善园行宫的规模在目前查到的文献中无详细记载。乐善园营建时值盛世，先作为建有殊功权贵的别业，后作为皇家行宫，更因毗邻乾隆为其母庆寿主会场大正觉寺（今五塔寺），一并作为观礼场所而兴盛一时。乾隆的诗中曾对乐善园有过"结构逾绿野，胜国为皇庄"的描述。绿野堂为唐代丞相裴度晚年退隐后所建别墅，种花木万株，筑暖馆凉台。结构逾绿野，可知当时乐善园作为王府别业时规模已经颇为可观。后又经过多次修葺，规模更盛之前。从乾隆多首诗中可以窥见乐善园在当时已是名园。

乾隆三十九年（1774 年）官修《钦定日下旧闻考》一书中的记载是目前查到最早、最全记述乐善园作为皇家行宫修葺的记录。乾隆十二年（1747 年）是乐善园作为皇家行宫的发端。它所形成的格局并非一次之功，在乾隆十六年（1751 年）、十七年（1752 年）、十九年（1754 年）、二十五年（1760 年）、二十七年（1762 年）、三十六年（1771 年）、四十七年（1782 年）都有过修缮工程记录。这点从其人员设置、修建工程奏折和工程费用等一应记录中可以窥见。

乾隆年间的乐善园行宫修建留有早期样式雷图档。根据目前掌握的乐善园相关记载，自乾隆四十七年（1782 年），不再有乐善园修缮工程记载。嘉庆十一年（1806 年）乐善园因国家财力有限被裁拆。因样式雷第三代样式房掌案雷声澂从业时间为乾隆十三年（1748 年）至乾隆五十七年（1792 年），根据中国第一历史档案馆馆藏档案记载，乐善园修造工程奏折中所写内容与在内廷写本的乐善园的样式雷图档比对，并根据倚虹堂建设年代，初步推测该图纸时间有可能为乾隆十九年（1754 年）所绘。

据内廷写本所绘，乐善园与继园虽为两个院子，但大墙并未将两园分隔。在《钦定日下旧闻考》卷十七"国朝园囿"中记载乐善园曰："倚虹堂西两里许为乐善园，园门三楹，北向。"（乐善园册）（[臣等谨按]乐善园门额，皇上御书。是处旧为康亲王园亭，颓废已久。乾隆十二年（1747 年）重加修葺，其上游与昆明湖相接，为龙舸所必经云。）门额应为石制。乐善园有陆路入口南门，水路入口东牌楼栅栏门、北宫门、西牌楼栅栏门。乾隆时期，乐善园在南门、北宫门、正殿分设值房。南门外设有朝房。园内设有膳房一所。乐善园分有政务区、生活区、游赏区。园内配有两处正殿五间，前后抱厦各三间随围廊，另有重檐或歇山顶建筑及高楼以彰显主人独特的身份。

乾隆二十年（1755 年），《钦定日下旧闻考》所记载乐善园规模，如下：

乐善园宫门内跨小溪，南为穿室，东向曰意外味，转石径而南为于此赏心之间。北向为含清斋，东为潇碧，北为约花栏。南有轩为云垂波动，含清斋对河敞宇为池月岩云，中穿堂为翠微深处。内为蕴真堂，南宇为气清心远。别院有室曰鸢举轩。

意外味诸额皆皇上御书，鸢举轩垣外是为园之南门。于此赏心之西南，为又一邨。左右亭为揽众翠，意外味之西穿堂为得佳赏，西为兰密室，再西为环青亭碧。兰密室之北有宇为赏仁胜地。

又一邨诸额皆皇上御书。

园门内有楼为冲情峻赏，东北为红半楼。其旁峭岩上者为踞秀亭，冲情峻赏之西南有室为画所不到。东为揖长虹，再东为荫林宅岫。内宇为古欢精舍。

冲情峻赏诸额皆皇上御书。

园门以西临河敞宇为自然妙有，西室为风湍幽响，再西有轩为诗画间，为玉潭清谧、为个中趣；北敞宇为坐观众妙，西出河口折而南有室为致洒然。接宇为光碧涵晖，稍东曰远青无际。后为云林画意，再东有轩为心乎湛然，折而南为绿云间。

自然妙有诸额皆皇上御书。

根据记载，我们可以将园内景区分为四路 36 个景点。36 处景点的匾额均为乾隆御书。

东路 7 个景点：冲情峻赏、红半楼、踞秀亭、画所不到、揖长虹、荫林宅岫、古欢精舍。

中路 11 个景点：意外味、于此赏心、含清斋、潇碧、约花栏、云垂波动、池月岩云、翠微深处、蕴真堂、气清心远、鸢举轩。

西路 6 个景点：又一邨（村）、揽众翠、得佳赏、兰密室、环青亭碧、赏仁胜地。

最西路 12 个景点：自然妙有、风湍幽响、诗画间、玉潭清谧、个中趣、坐观众妙、致洒然、光碧涵晖、远青无际、云林画意、心乎湛然、绿云间。

乐善园、继园都曾为御园，留有样式雷的图纸，同时在当时专门承接皇家工程木作的八大柜首柜——兴隆木厂也曾经负责过其中建筑的营造。清末北京"八大柜"，即兴隆、广丰、宾兴、德利、东天河、西天河、聚源、德祥八大木厂。为首马家的兴隆木厂，被称为"首柜"，所有皇家工程，都由"首柜"向工部统一承办，然后再分发给其他木厂分头施工，有点类似于今天的总承包商。当时北京从事古建的"八大柜"（八大木匠铺子），都是马家的，其中最大的就是兴隆木厂，专门修皇家园林，如颐和园、故宫、北海、承德避暑山庄等，都是马家经手修建的。清朝近 300 年历史，紫禁城、颐和园、天坛、北海、圆明园……所有金碧辉煌的皇家园林宫阙，无一不留有兴隆木厂的痕迹，乐善园亦不例外。

乐善园最早为水景园，乾隆在诗中称之为"沼园""沼宫""沼墅""溪园"等，其景观胜在天然。乾隆帝每次泛舟长河都是从北宫门码头登陆进园。园内与长河水系相互连通，河汊纵横，桥梁众多。提到乐善园也顺便提下乐善园北门外耳熟能详的白石桥。白石桥其实有三座，哪一座才是真身呢？1999 年北京水利部门疏浚高梁河，在五塔寺（原真觉寺）前河槽侧方（北京动物园西北一门的北岸）与河道下方挖掘出许多经过古人琢凿过的巨石和为连接石缝用生铁铸造的锭子。经文物专家勘察认定为古代白石桥基石。清代《北游录·纪邮》中提到："真觉寺古槐二，门直白石桥。"同时在乾隆年间出版的《钦定日下旧闻考》也记载有："真觉寺前临桥，桥临大道，夹道长杨，绿荫如幕，清流映带，尤可取也。"说的便是古代白石桥，即金代白石桥。元志元二十九年（1292 年），大护国仁王寺门外（现紫竹院公园东侧）修了一座小白石桥。1982 年，白颐路改造，在小白石桥旁建钢筋混凝土的白石新桥。这便是三座白石桥的由来。动物园西北门正对五塔寺的那座桥原址正是金代的白石桥遗址。由于长河是由西直门通往西郊各行宫御苑的唯一御用河道，也是向城市输水的重要渠道，长河水从此处穿流而过，同时也为这座历史名园提供了丰沛的景观用水和园内稻田灌溉水。

乐善园具有中国古典园林山水骨架外貌，长河水注入园内，相互贯通形成蜿蜒曲折的河流小溪，或是开辟宽敞的水面，山形水系条件较好。从当时样式雷图纸中发现，乐善园内有中国古典园林中典型的"一池三山"的做法。明清时期对建筑等级严格限制，私园中堆筑"一池三岛"被视为模拟帝王的僭越逾制行为，"一池三山"仅能在皇家园林中见到。关于乐善园"一池三山"的做法乾隆是满意的，他在题写《鸢举轩》一诗中写道"何必方蓬海上寻，林泉咫尺有清音。淮南讵似东平好，鸢举无妨寄傲心。"

在乾隆十七年到四十年间（1752—1775年），乾隆皇帝几乎每年进园一次，从诗"沼园逢乐善，隔岁一探幽"中得以证实，他留下了写有乐善园的诗作54首。乾隆对于园内的景观颇为认可，他的诗作中有四季不同时期入园时景色的描写。乾隆皇帝虽也在乐善园内安居，但多是小憩消闲，或品茗读书、观稼、散步赏景。清代有"奉宸苑三十八处莲花池"之说，在行宫时期，乐善园内西、东、南的莲花池是帝后、皇亲国戚及王公大臣赏荷之所。乐善园的水不仅作为行舟游赏之用，在冬季亦是冰床的通道。据说乾隆十六年（1751年）的冬天，乾隆的母亲孝圣宪皇太后六十大寿，她要从西郊的畅春园回紫禁城，因路途较远，天寒地冻，孝顺的乾隆让母亲沿高梁河坐冰床到乐善园东宫门，再改乘暖轿进城。可是，暖轿在乐善园里却抬不过宫门，没办法直接抵达河边接迎冰床。原来，太后的大轿太宽，东宫门窄，为了让太后不受冻，乾隆下令拆门，这个门改为殿堂，取名"倚虹堂"。这里靠近水边，正中间三间穿堂门，出去就是高梁河御用码头。自那以后，皇帝后妃们都从这儿上船。倚虹堂和故宫养心殿、团城承光殿、白塔山悦心殿被后人并称为皇帝的"四大办公室"。

乐善园内植物种类繁多，松、柏、桃、柳、竹、梅、梧桐、槐、楸、枫等传统园林中常见植物均有种植。因年深日久，峭茜青葱，在乾隆的要求下，乐善园又清理疏通河塘，恢复池水清澈，种植花木，且保持了天然的风貌，减少了人工痕迹，所以园内花繁蝶舞、林深鸟鸣，水木入画、琴书延趣。四季均有胜景，颇得野趣。乾隆忍不住亦留言："个中每觉玩不尽，佳处常留兴有余。"

遗憾的是仁宗嘉庆执掌帝位后，执政能力不如其父，国家财力今非昔比。高宗乾隆皇帝所建行宫，除必要外，渐次收缩。嘉庆十一年（1806年），经奏准乐善园内殿宇房间可以裁撤，原设的苑丞、苑副等也被分拨到其他地方，原有风貌荡然无存。

乐善园从乾隆十二年（1747年）至嘉庆九年（1804年），作为御苑行宫共存在了57年。倚虹堂的建成解决了舟行高梁河时小憩用膳的问题，因为财力下降，没有保留乐善园行宫的必要，此处就成为租地，每年收成上缴，仍归奉宸苑管辖。

第二节 ◉○
继园

今北京动物园西部，为继园故址。最初的建造年代及第一任主人是谁，目前掌握的历史文献资料欠缺，不能确定。从知其名到其荒废，历经百余年，园主历经多人，多为官宦私宅，所以关于它的主人有很多种说法。

康熙年间，继园称"邻善园"，又称"三贝子花园"，占地170亩。在李慈铭的《越缦堂日记》中记载了他与友人三次游玩的情形，其中第一次是同治十一年（1872年）初，作者写道："……酒罢更游'可园'，都中人呼'三贝子花园'，相传为'诚隐郡王'赐邸。……"，康熙的三阿哥诚隐郡王胤祉是很杰出的一位科学家，他主持编修了《古今图书集成》一万卷，带领编纂《律历渊源》。《律历渊源》集律吕、历法和演算法于一书，是我国科技史上一部具有很高价值的天文数学乐理丛书。《古今图书集成》编辑历时28年，共分6编32典，它集清朝以前图书之大成，是各学科研究人员治学、继续先人成果的宝库，是现存规模最大、资料最丰富的类书。在《清史稿》里提到："康熙四十六年三月，迎上幸其邸园，伺宴。嗣是，遂以为常，或一岁再幸。"《清实录》有幸皇三子邸园的记载。此外，从康熙二十一子胤禧的《花间堂诗钞》里《春日午后出西直门至赐园》一诗来看，在康熙时期，此处应为赐园。

胤禵（康熙帝十四子）之孙永忠著《延芬室稿》，其中《环溪别墅次壁间韵》题下注云："旧名邻善园。"又有朱笔眉批云："旧为敬一贝子之邻善园，贝子于乾隆四十二年丁酉薨逝，赐公红玉永珊以园畀其甥我斋明义，易名环溪别墅。"又四十七年卷《奉和西园主人题旧画邻善园》自主亦言"再从弟红玉""红玉之甥我斋"得园易名之事。又云："园东即广善寺。"敬一贝子指弘暚，乾隆帝之堂兄，康熙三阿哥诚隐郡王胤祉之子，曾被封为固山贝子，他是胤祉第七个儿子，除早殇外，纳入宗牒的成年子嗣中应排行第三。从康熙朝开始，皇子序齿作出规定，即早殇者不排行。此外从袭爵等级方面看，只有弘暚是贝子。胤祉曾为郡王、贝勒、亲王，而永珊是弘暚的第三子，为奉恩镇国公。因此，三贝子花园中的三贝子指的是纳入宗牒的固山贝子弘暚，而非胤祉、永珊、明义或是富康安。

质王永瑢（乾隆帝第六子）出继给胤禧，他曾在乾隆三十三年（1768年）到邻善园游玩，做《邻善园图记》，其中记载：乾隆二十年，邻善园有堂有亭，叠石成山，因河引水。每春秋佳日，实实挥麈纵步其间。乾隆四十年，邻善园颓废。四十二年，敬一贝子弘暟去世，其子红玉主人永珊将园子给了外甥富察·明义。明义，号我斋，为曹雪芹好友，将邻善园改名为环溪别墅，并进行了大规模的修葺整治，终将该园变得"堂其堂，亭其亭"，即堂有殿堂之庄重、肃穆；亭有亭的优美、雅致。此外，"浚溪疏泉"，别墅内"以通舟楫"，便于荡舟观景，"千章夏木，九仞假山，渚漾荷风，苕无尘迹"，成为诸多宗室文人聚集、抒发雅兴的一大胜境。道光年间为宗室崇文别墅，称"可园"。道光二十六年至二十八年（1846—1848年），园主为觉罗宝兴。同治年间，可园已然颓废，曾为卖花人所居。但因同治年间，极乐寺为宗室文人及官宦喜欢游赏的去处，可园又距离颇近，景致很是吸引人，便慢慢发展为大家游览之地。光绪八年（1882年）为文麟私园，光绪十一年（1885年）继园被收回奉宸苑管理 ，成为御苑。

李慈铭的《越缦堂日记》中，记载其在同治十一年（1872年）三月二十一日再游可园，日记中写道："……酒罢复游'三贝子花园'。有户部司课会饮于此，骈车喧杂，小坐东廊阑上看水杨柳，偕竹筼至西边历'谙云楼'，登土山一空亭，远见诸湖。湖外云树直接西山，亭外松槐崇密不见日景，山下有花神庙，此地胜绝，前游所未至也。"在同治至光绪初年，可园为卖花佣所居，蜜房花窖纵横其中。园内的庙亦是花神庙。花神，是古代人的崇拜对象和精神偶像，是他们祈求风调雨顺、生活平安的神。一座城市，有了花便有了灵气。相传北方农历三月二十九、南方二月十二日为百花生日，民间又称"花神生日""花朝节"。古时的花朝节，有栽花种树的习俗，有点像今天的植树节。在汉族，花朝节是一个十分重要的民间传统节日。花朝节，是纪念百花的生日，因古时有"花王掌管人间生育"之说，故又是生殖崇拜的节日。这天，北方花农要在花神庙祭祀花神，搭台唱戏。人们除赏花踏青外，还用红色、绿色绸布条挂在各种花卉枝上以向百花祝贺生日，地方官员要到郊外去向农家赐酒，劝以农桑，告以勤劳，此风俗曾延续数百年不改。花神庙一年四季自然是香火不断，曹雪芹也把冰清玉洁的姑苏佳人林黛玉的生日安排在农历二月十二，让她与花神同诞，这恐怕不是巧合，而是为了谱写其短短一生的绝代芳华。清朝康熙、乾隆年间，是花神庙的鼎盛时期，遗憾的是，动物园里这座花神庙遗迹已无处找寻。北京大学未名湖畔、陶然亭、颐和园、丰台花乡都曾有过花神庙，现在北京唯一完整留下的花神庙就是颐和园花神庙了。

　　光绪十四年（1888年），海军衙门曾奉旨拆卸北海及南海部分殿宇，拆撤后向奉宸苑工程处请示将北海镜清斋等处拆卸下楠木旧料，并南海惇叙殿拆撤下旧装修，由工程处"饬商拉运继园，以备应用"。另一案卷中记载："……西北角山坡上四方亭一座，头停渗漏，木植糟朽歪闪。方亭前龙王庙一座，佛殿二层各三间，头停渗漏，木植糟朽。……"我们知道，元代时除了在引水工程的源头白浮泉建有都龙王庙，围绕其他水域也建有龙王庙。众所周知，元代开凿通惠河后，在通惠河的主要干线上修建了24座水闸，广源闸是通惠河上游的头闸，号称"运河第一闸"。在广源闸下同样修有龙王庙。在明清时期，龙王庙是北京城里常见的寺庙。乾隆时期绘制的京城全图中，共标出内外城寺庙1207处，其中龙王庙就有12处。在历史上，北京的几条大河，如通惠河、永定河、潮白河、温榆河等，沿河都建有大大小小的龙王庙，其目的同样是为了祈求平安。由于继园这片土地被水面环绕，毗邻长河，自然也修建了龙王庙以祈求平安和风调雨顺。

　　继园风景雅致，宗室文人常常聚集此处赋诗、饮酒、作画，有不少佳作流传于世。同时继园因屡易其主，历尽兴盛、衰落，也有着丰富的民俗文化历史。

第三节
广善寺

广善寺（贤首宗）在试验场西南部，是洪熙宣德正统年间为纪念明初高僧智光和尚所建。明中叶，北京兴建佛寺百余所，其中为一人兴建和重修达9所的并不多见，广善寺即其中1所，其他还有崇国寺（后来的护国寺）、三塔寺、大觉寺等。智光曾多次奉旨前往西藏并出使西部邻国，为明初多民族的统一和邻国友好往来作出重要贡献，他广译佛经，促进了佛教文化发展，政教成就显著，深受皇帝恩宠和信徒尊崇。明史有传，他在明初历史上有一定地位。《钦定日下旧闻考》卷四十三记载："我朝五城设十厂。中城则给孤寺、佑圣庵；东城则华严寺、海会寺；南城则安国寺、积善寺；西城则增寿寺、万明寺；北城则永光寺、广善寺。每年十月一日起至次年三月二十日，止坊官散给御史稽查、都察院堂官不时察看贫民，均得仰沾寔惠矣。"可见当时广善寺是清时官方设立施粥济贫的寺庙。

乾隆年间，有不少皇室宗人及僧侣，曾在游"环溪别墅"（继园的前身）、极乐寺等处时留下诗作，内有不少诗篇提及广善寺。

此外，在广善寺东侧的为慧安寺，未能查到其相关史料记载。

第四节
名园景致

乐善园为清代皇家行宫，而继园多为清代皇亲国戚和官宦私宅，其景致名噪一时。乾隆在行宫建成后，多次入园，不仅为景点御书提名亦留下乐善园诗数十首。乾隆十六年（1751年），崇庆皇太后（钮祜禄氏）过六十大寿，乾隆皇帝把真觉寺选为主要的祝寿场所之一，乾隆二十六年（1761年），崇庆皇太后七十大寿，庆典更加隆重。正觉寺被选为八处"庆寿圣地"之一，进行了更大规模的修缮和改造。乐善园地处真觉寺南侧，较大规模修缮与两次庆寿时间颇近，应该是为了迎驾并观看庆典所做的准备。长河两岸桃红柳绿，一派田园风光，园内百年古木，柳槐蔚荫，茈虒槎丫，苔蹊曲仄，露荷生香，林深鸟藏，花繁蝶影。园内自然野趣，朴素天然。四季景观充满诗情画意，以至于乾隆连续多年，每年数度来园。在他的诗中有"名园问路镜中是，春水坐船天上如""乔木百年园，乘舟遂造门"等诗句，由此可见，乐善园不仅历史悠久，且名园之称亦名副其实。

继园景致也是不错的，在永忠的赋诗中曾有"绿径无尘竹槛清，三春花柳不胜情。临流小坐添吟兴，濠濮禽鱼各遂生"。邻善园有殿堂的庄重肃穆，又有亭台的优美雅致，荡舟观景，千章夏木，九仞假山，渚漾荷风，苔无尘迹，成为诸多宗室文人聚集、抒发雅兴的一处胜境。李慈铭在他的《越缦堂日记》中记载其三次游"可园"。第一次是同治十一年（1872年）初，他在描述里写道："绕园外有墙如城，外为重门，老树参天，地广数十顷。昔时台榭甚盛，今俱颓废。佳卉古木十九为薪。曲径平芜，高柳疏错，堂宇之东有曲廊一带，下临清池。随土阜高下为方亭折阑，足令林客宅心，清曳眷眺。"每年六月，可园莲花开放，莲香四溢，戏鸭眠凫。园内景致以藤花、松石为最。湖边杨柳依依，苇花如雪，登土山亭外松槐崇密。远眺，林冠线绵长与西山相融。一时，众多香车、宝马、美女纷至沓来，赏花饮酒、赋诗嬉戏。在光绪年间，继园也曾一度作为御园。历经百余年，此处胜景为宗室文人推崇之至。

第三章 开通风尚之名园改革

第一节
农事试验场成立

　　中日甲午战争后，民族危机和清朝统治危机日趋加深。内忧外患下改革呼声日高，清政府沉疴在身，被迫逐步作出政策调整，朝野上下形成"振兴农商"的共识。五大臣出洋考察后认为富国之道在重农，因传统农业制约发展，所以急需建立试验场进行技术及品种推广教学。

　　1903 年，商部奏请通饬各省振兴农务，创办农事试验场是其改良农业、振兴农业经济的一项主要措施。因各地农事试验场进展缓慢，京师农事试验场地处首善之区，所以起了示范引领作用，树立了全国劝农劝稼之标杆。清政府第一次试图宪政改革，并提出修万生园*、博览园，意图实业兴国，开启民智。清政府将建立农事试验场立为西方文明的一个重要标杆性产物，而此刻的慈禧在参观海京伯马戏后有了修万生园以供其游赏的意向，刚好一拍即合。

　　商部在考察之后，认为西直门外土地广袤，地邻长河，泉流清冽，便于灌溉，可以引种试验，做研究推广。全场地段南北窄，东西宽，分水田、旱田、园地。由于对土质和地势考虑欠仔细，全场地势低洼，排水不良，地下水位高（地下 40 厘米即有积水），土质为沙性土壤、微黏，因此不宜种果树，仅留下枣、梨、核桃、山楂、柿子等耐贫瘠的种类，其他果树栽培试验多移到场外西山果园、蓝甸果园、裕民果园。

---

　　* 动物园在创办之初为"万生园"，在梁启超修禊中称"万生园"，本意是有生命的动物、植物，这样也符合创办者的意思，即动植物的博物馆。但民国时期，媒体有用"万牲园"的，随后就混用了。本书中统一称为万生园。

开办之初，农场建设注重交通。无论是陆路（乾隆朝修御道从西直门至畅春园石道），还是水路（近代开挖），沿河跸路所经唯一御用河道长河，抑或是1905年开始修建京张铁路都为收集运输物种及游览提供了便利。

此外，北京动物园前身农事试验场组成部分主要归内务府奉宸苑管理，其人文景观佳，原来就是皇亲国戚游赏胜地，文人墨客对此地颇为认可，具有文化底蕴和潜在游客。这一点也导致其商业比较繁荣。

有了这些便利条件，商部于光绪三十二年农历三月二十二（1906年4月15日）具奏请旨饬拨筹建京师农事试验场。经奏准，将乐善园、继园两园旧址及附近广善寺、慧安寺等一并辟入试验场用地。农事试验场总计面积71公顷，当时有个歇后语"慈禧太后的万生园——啥物都有"。农工商部农事试验场自筹建到开放，历时2年。在农事试验场筹建过程中，慈禧曾亲自过问进度。在中国第一历史档案馆的馆藏资料中，光绪三十三年的一段档案记载："慈圣询及经当面奏明，秋约可观成，现正筹划赶办。惟该场之设为农事模范所资，凡五谷蚕桑果瓜花草之类，品汇甚繁。必须广搜佳种，遍致名材。为我国所有者固宜研究改良；为我国所无者尤宜仿行试种。并拟选取各种鸟兽鳞介品类，先行豢养陈列，为动、植物园之基础用。"根据《农工商部农事试验场章程》，试验场设立是为了研究农业中一切新旧理法，凡树艺、蚕桑、畜牧诸事都在考察范围内。

筹办之初，由商部拨付10万两白银作为筹备经费，由南、北洋大臣各解5万两作为开办经费。农工商部右丞沈云沛负责筹划。建成后设场总办1人，由农工商部参议上行走，候补三品卿、内务府员外郎诚璋担任；设场长1人，由农工商部章京、农学毕业生叶基桢担任。场设农林科、动物科、园艺科、博物科、庶务科、会计科。从其筹建开始，

＊ 马克为古代欧洲的货币计量单位。——编者注

第三章
开通风尚之名园改革

即分三大部分，动物园、植物园和农产品试验。1907 年南洋大臣端方从德国用 6 万马克 * 购买一批动物，因农事试验场没完工，先存放在广善寺中。光绪三十三年六月初十（1907 年 7 月 19 日）万生园竣工，占地 1.5 公顷，动物园先于整个农事试验场开放售票。这就是最早对公众开放的动物园，饲养上沿袭德国技工所教的方法。而植物园主要以种植花卉为主。农产品试验，则包括粮、棉、桑、麻、茶、蔬菜和豆类。农事试验场从国内各地及国外汇集各种花卉、作物、农业技术、器具，进行试验及展示。其他还附设有各种陈列室、标本室、实验室、茶厂、咖啡馆，以及初等、高等农业学堂。农事试验场具有综合性功能，集动植物展示、教学研究、游览科普、示范推广于一体。

光绪三十四年五月十八（1908 年 6 月 16 日）农事试验场全面竣工，对外开放，农事试验场内展览的各种珍稀动物、奇花异草让京师人士大开眼界。有位化名"兰陵忧患生"的人在一首诗中写道："全球生产萃来繁，动物精神植物蓄。饮食舟车无不备，游人争看万生园。"

第二节
农事试验场的历史意义

农事试验场由乐善园、继园旧址及广善寺、慧安寺和附近官地构成，是皇家兴建的最后一个行宫，也是皇家兴建的第一个公共园林，它延续了皇家御苑的山形地貌，是在皇家园林基础上建立的风格独特的植物园。农事试验场不仅是皇家赏菊之所，亦是目前我们所知最早举办菊展并对游人开放的公园。

读者也许还不清楚，北京动物园也是北京最早的公园，中国最早对公众开放的动物园。光绪二十六年（1900 年）前后，京城报刊上对于公园的宣传越来越多，强调公园作为现代市政的核心要素，具有文明开化的功能，可以从物质和精神两方面规范现代的都市生活。公园为游客提供了休憩的公共空间，这对于陶冶性情、增长见识、促进卫生与道德进步方面皆有裨益。

1906 年，农工商部奉旨承办地农事试验场，以求导民善法，将公园与万生园并举，提倡北京率先设立图书馆、博物院、公园，后逐渐普及全国，以期"民智日开，民生日遂，共优游于文囿艺林之下，而得化民成俗之方"。万生园承载了人们对公园的期望。

1908 年 6 月 19 日，针对落成的京师博览园（北京动物园前身），报纸上又发表了《论开博览园事》，其中提到："……京师为首善之区，中国之文明，将由是而肇基，有志进取者，准则安于孤陋乎？……"

在当时，公园和动物园都属于晚清时期舶来品，如何经营和管理它们是中国传统经验所缺失的。筚路蓝缕，一切规范都得从头建立。《论开博览园事》译文逐条品评了博览园《游览章程》。宣统年间农工商部农事试验场制定了《农工商部农事试验场章程》（图 3-1），分章

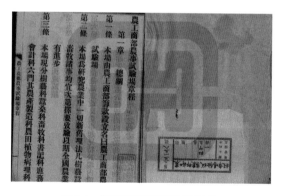

图 3-1 《农工商部农事试验场章程》

详细制定农事试验场的管理办法和规则。

其中，第五章"博览园设动物园博物馆"乃专为博览园而设，以下又具体到动物科办事规则、茶园管理规则、游览章程、售票验票章程、萃卖章程等，真是巨细无遗。这些规则的设立，不仅是为了规范打造一个文明有序的公共空间，同时也在更深层次上为提高文明素养、养成文明行为提供了标准。

万生园作为北京公园的雏形，制定的许多规章制度实际上奠定了此后公园的面目。万生园被赋予了自身教化、引导游客习得游览礼仪的使命。

时至今日，这些100多年前的游园规范仍然渗透到公园文明游园的管理中。

在农事试验场开创者的理想中，现代公园的游客该是体面有教养的文明人，衣着整洁，举止有度。

《游览章程》（图3-2）规定："本场之博览园供人游览，原以扩充识见、舒畅气体、焕发精神，来游者自系文明之人。即各国官商

图3-2 《游览章程》

士女，亦当陆续偕来。凡我国人务当各自尊重保全名誉，毋致贻笑外人。倘有袒胸露背、大声疾呼、斗殴寻事与一切非礼之举动，查出议罚。"

《茶园章程》明令，"……在茶园中休息不得袒胸露背、歌唱拇战，大声疾呼，尤不得嬉笑匪语。"

《游船章程》（图3-3）亦强调，"男客不得嬉笑匪语、袒胸露背"。

就连《照相章程》也规定："照相原系大雅之事，幸勿作袒露戏谑诸态以致贻笑于人。"而"疯狂、酒醉、恶疾、乞丐等人，及携带猫犬鸟只者"，更是直接被排斥在公园的大门外。

万生园对各种类型展览园、展览馆都设置了具体游览规范。比如园内为游客画定游览路线，分人行和车行两路。每逢路口，不仅有指引牌，甚至还设有专人看管，引导游人按照规定路线行走，不可错乱拥挤，若有犯规，加以阻拦。

如今动物园规定游客与圈栏保持一定距离，不随意投喂，不殴打动物，不攀折花木，它又源自哪里呢？《农工商部农事试验场章程》的《动物科办事规则》指出："本园原为扩充知识起见，游人入览应

图3-3 《游船章程》

行指导。"动物园中要求游客需要与圈栏保持一定距离，以防危险，并且规定不许向动物投掷食物，不许用伞把、木棒戏弄动物，不许在园内抛掷瓦砾等物以及大声疾呼歌唱。植物园要求游客不许抚摸闻嗅一切花木，尤其不得攀折毁践。动植物标本室允许游客靠近橱窗细看，唯独不可以抚摸损坏，万生园将园内游览详细规则裱立于道旁，冀望"游人当念公益，共相遵守"。一切违反规范者将从重议罚。

万生园开创了北京涵养公民现代休闲理念和生活方式，以及现代公共文化和市民精神的先河。这些规则的设立，是近代中国百余年来培养公民道德的努力方向之一，以期造就"文明"境界，正如《万生园百咏》所称赞："中外同游尽难驯，绝无赤臂袒衣人。沙明水净红尘远，境界文明草木新。"

农事试验场，是近代中国第一个由中央政府创办并掌控的集实验研究、教育生产销售、推广和博览于一身的，综合性、全国性农事专业机构。物种和耕作技术汇集活动是近代中国历史上第一次规模宏大的物种和农业技术汇总，标志着由农业经验型向试验型转变，即传统农业向近代农业转型，是农业近代化的开始。农业研究和改良需要物质和技术基础，而所需的物种技术是从国内外搜集而来的，这一行为依靠农工商部和地方及境外人员机构，依靠中央政府的主导，与不同人员和机构构建起了以农工商部和农事试验场为中心的行政支撑系统。

在第一历史档案馆所藏农事试验场卷宗中可以看到，农工商部征集公文行文对象是各省督抚和各出使大臣，以及光绪三十四年（1908年）后各省陆续设置的劝业道。根据现存原始资料统计，从光绪三十二年（1906年）至宣统三年（1911年）共开展征集活动26次，汇解活动共有85次，涉及国内19个地区，以及俄罗斯、荷兰、奥地利、比利时、美国、英国、法国、德国、日本等国家（图3-4）。

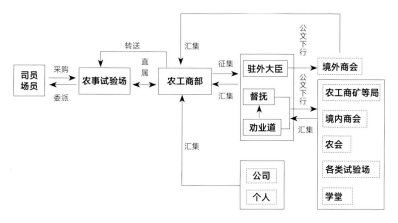

图 3-4 汇集流程

第三节
农事试验场风貌

甲午战争使中国人民的民族意识开始普遍觉醒，引导了有识之士反思，并催生了新中华的文明。许多有识之士认识到学习不只是引进坚船利炮那么简单，他们开始探索新的强国之道，出现了梁启超、康有为、谭嗣同等一批思想家。他们向西方学习大量自然科学和社会科学的知识，政治上也要求改革。农事试验场筹建受"西学东渐"的影响，在开办之初，慈禧及光绪曾历次垂训部臣，注意风景，故场内各项建筑多带有园林形式，可赏玩，可游憩。下面从试验场的建筑、水系、植物角度介绍农事试验场的园林风貌。

一、农事试验场建筑

农事试验场里的建筑各具特色，集合了中国皇家园林、日本、德国、法国多种建筑风格，例如：中国皇家园林建筑风格的松风萝月轩、依绿亭、鬯春堂、牡丹亭、万字楼等；田园风格的观稼轩；日式建筑风格的东洋房；德国（巴洛克）风格的畅观楼、正门、东配楼、西配楼、北楼；法式风格陆谟克堂……这些建筑携带着历史和艺术的价值，构成了这座园林的人文记忆。

如今，北京动物园里现存有四处文物建筑。1984年5月20日，北京市人民政府、北京市文物事业管理局核准将园正门、畅观楼、鬯春堂、豳风堂四处定为北京市文物保护单位，并在此四处立碑。2006年6月6日，北京市文物事业管理局将园正门、畅观楼、鬯春堂、豳风堂四处定为全国重点文物保护单位，设立汉白玉保护标志牌。

（一）园林建筑

1. 正门 始建于清光绪三十二年（1906年）的农事试验场的正门（图3-5），门上部有繁复的砖雕装饰，上有"龙"形图案，中间

图3-5 农事试验场正门

的椭圆形区域内镌刻着"农事试验场"五个大字。下部的门头部分刻有从事农事活动的图案，在东边的拱门上端刻有"日"字，而西边的拱门上端则刻有"月"字，寓意"日出而作，日入而息"。慈禧、光绪到农事试验场参观时，正门处悬挂起青龙旗。

民国初期，农事试验场更名为中央农事试验场，末代状元刘春霖曾经担任过场长。1929年改组为国立北平天然博物院，成为国立北平研究院的研究基地。1934年又恢复为农事试验场。1941年后更名为园艺试验场。尽管多次改名，老百姓一直习惯于称之为"万生园"。民国初年的照片中，门上的龙旗已经换成五色旗，"中央农事试验场"的竖匾也挂在大门两侧。

1949年北平和平解放，人民政府接管后将其更名为农林实验场。1950年3月以"西郊公园"的名义正式对外开放，"西郊公园"四个字分别悬挂在大门的四根立柱上方，上面正中的砖雕也进行了修改，"农事试验场"五个字改为双狮抱球、下有蝙蝠的图案。大门右边的岗亭还在，左边的已经没有了。1987年正门按原有照片重新雕制复原、加固，改建售票处。

正门（图3-5）、东配楼、西配楼（图3-6）和北楼（图3-7）

图 3-6 西配楼

图 3-7 北　楼

围合成院落，均是清代遗存，作为农事试验场的办公场所，有回廊连通三个楼。北面五间为办事处，东面三间为回事处。

这些具有浓郁西洋风格的建筑，很多人猜测是德国人或是法国人设计的，实际上这几座建筑和畅观楼都是我国著名建筑学家傅佰锐先生设计的。他曾留学英国，回国后进入清朝工部工作，曾先后在北京设计了多处具有欧式风格的建筑（据查这些是中国近代史上在北京由中国人自己设计的最早的欧式建筑）。

2. 鬯春堂（图3-8） 建成于1908年初。鬯，象形字，甲骨文字形，像器皿中盛酒状，中有小点，表示酒糟。本义为古代祭祀时所用的香酒，由郁金香酿秬黍而成，气味芬芳，用来敬天神、地祇、人神等，也可代指宗庙祭祀。因酒的气味芬芳浓郁，鬯又通"畅"，"旺盛"之义，当时慈禧为畅观楼和鬯春堂题名，畅观楼作为慈禧和光绪休憩的行宫，而鬯春堂则作为随行高级官吏的休憩场所，由于等级不同，官员们为了避讳，鬯春堂采用这个"鬯"字，同时因为农事试验

图3-8 鬯春堂（国立北平天然博物院理事会会址）

场试种国内外各种花木，园内景致颇佳，也算是恰如其分吧。因房顶为三个房脊相连，又称"三卷"。在1908年出版物《京师博览园游记》中写道："三卷就是行宫，一切组织都是宫殿式样。三卷是至尊至贵的制度。在房檐上用金漆描成飘带形，红底金花一连三式，所以叫做三卷。"鬯春堂是一座传统的中式建筑，七楹三进，面阔五间，进深三间，四面回廊，前廊后厦，十分宽敞。房檐用金漆描成飘带形，红底金花。廊四周擎立着24根红柱，四壁镶着宽大的玻璃窗，门为穿堂。光绪末年有报纸曾记述此处："内庭宫殿式样，画栋雕梁，丹碧辉煌。金砖无缝，龙毡有光。桌椅茶几等都是紫檀花梨制成的。壁上悬挂御笔画十二幅，是慈禧太后的亲笔梅花、菊花，生机盎然，或是老干纵横，或是花朵盛开，极尽画工的神妙。堂外又有御树一株，中心已空，火烧的痕迹尚在。四周高台阶环抱假山石，很有几块奇石，如同山峰似的，又有几块玲珑石，七穿八洞，景致很是好看。园中假山石虽多，此处却最为优胜。"

1912年，宋教仁曾在此处居住过9个月。

1929—1934年，鬯春堂作为国立北平天然博物院理事会会址（图3-8）。当时国立北平天然博物院理事有吴敬恒、蔡元培、李煜瀛、张人杰、张继、蒋梦麟、易培基、李书华、马叙伦、萧瑜和陈郁诸，都是名人先贤。

1935年出版的《北平旅游指南》记鬯春堂说："堂皇瑰丽，三面叠石为山，环植芭蕉及槐柳桃杏之属，景物幽胜，甲于全场。此处为已故农林总长宋公遁初居住之所……为公手植桧树三株，今已蔚然，人多爱护。有宋公纪念塔在焉。"

3. 畅观楼　在北京动物园西北部，有一座1908年由中国人自主设计建成的北京市唯一保存完整的、清末最后一座皇家巴洛克风格夏日行宫——畅观楼（图3-9）。畅观楼的兴建源于开办农事试验场，两宫来此游憩所设行宫。甲午战争之后，随着清王朝自身的衰败和半殖民地化程度的加深，中国传统农业日趋衰落，农民生活日渐贫困。在这种情况下，一些有识之士重新提出了"农业为立国之本"的主张。清末农业技术十分落后，在"西学东渐"的文化场景下为畅观世界，学习西方先进经验，开民智启风尚振实业，清政府发起农事试验场。匾额题字"畅观楼"明确地表达了慈禧行宫兴建的初衷。

畅观楼建筑高大恢宏，华丽无比，为欧式风格，七楹两层，楼墙体为土红色清水墙，有75厘米高灰色砖砌筑的基座。楼的东西两侧不对称，东边为圆柱形三层，楼顶为一圆形平台，有一圈紫铜制作的欧式花饰栏杆，在此可俯瞰远处。西边为八角形二层，有西式盔顶。楼的正面中间有一凸出带廊柱的雨棚，廊柱为白色。雨棚的顶部为二层室外平台，设有欧式的花瓶石雕栏杆。正面为七开间，两边分别三开间带外廊。一层外廊处设有45厘米高的座凳；二层外廊有高1米

图3-9 光绪时期畅观楼

左右的栏杆，上下栏杆均为绿色。外廊一层的墙面镶嵌有中国卷草饰样的砖雕；二层的墙面上，只在门窗的拱顶部分，稍做修饰。楼的东西面及南北面中间处，均有相对应的阶梯形马头墙，每一台阶处又有一似宝葫芦形的饰物，饰物均为绿色。当时北京罕见高楼，《万生园百咏》以夸张的笔调形容登楼眺望的感受："铺陈锦绣更辉煌，百尺楼高炫目光。试上望台瞻万象，三辰星在五云旁。"1935年出版的《北平旅行指南》中称，畅观楼"西可远眺西山，东可俯窥全城"，很好地诠释了"畅观"二字。

在畅观楼的一层建筑外檐中央悬挂着珐琅镶嵌的匾额"畅观楼"，楹联曰："池御迓龙旌橘云成幄，轩窗骞象纬方旭扬晖"，畅观楼匾额为慈禧所题。这块匾额长133厘米、宽83厘米、高0.6厘米，造型为元宝形，以蓝色为底，匾心为"卍"字锦纹样，"卍"在佛教中意为吉祥云海相，被武则天定音为万，有吉祥如意之意。匾额嵌有略鼓出匾心的"畅观楼"三个金色大字，采用铜掐丝珐琅工艺制作，字体浑厚；匾额边缘为二龙戏珠纹饰，两条龙呈对称状设在左右两边，呈行龙姿态。龙体弯长，矫健有力，二龙首与火珠盘旋匾额上部，为镂空工艺。匾额下部为海水江牙纹饰，构图上极具美感。二龙戏珠纹样起源于先秦时期，古人认为黄道附近的星空可分为东、南、西、北四方，并分别用相应的吉祥灵兽来表示：苍龙为东方，朱雀为南方，白虎为西方，玄武为北方。"苍龙"处在东方，这颗冉冉升起于大海的"火珠"被认为是太阳的化身。因此，二龙戏珠里的"龙珠"实际上是古人对太阳崇拜的表现，这块匾额体现了太阳和龙的图腾崇拜文化的交融。而龙亦有雌、雄之分，雌、雄之龙呵护龙珠，犹如鳄鱼和蟒蛇对其卵呵护备至。有学者分析，二龙戏珠其实也是一种对于生殖的崇拜。这一纹样寓意繁荣昌盛、国泰民安的景象。清朝宫殿匾额规定蓝色底金色字，外加各式边框，有些上面雕刻有生动图案，工艺精美，彰显皇家权威。畅观楼匾额蓝底金字，鏊刻有二龙戏珠图案；造型工艺上增加了对整个畅观楼建筑立面造型的观赏性，珐琅工艺使用与巴洛克风格皇家行宫完美融合。匾额主要由铜制成，将御书做成铜字，并做有龙纹的装饰边框。其工艺是利用红铜良好的延展性能，经锤揲、錾刻、镀金而成。它的技艺难度有两点，一是所作铜字要与作者书体一致，不能走样；二是匾额的边框狭窄，却要錾刻出对称、清晰的龙纹，这绝非一般工匠所能为，必须具有高超的水平才能胜任。这种庄严富丽的匾额，曾遍布于京城的宫殿、苑囿、庙宇、牌楼，形成了清代建筑一大特色，可惜现在已几乎无存。匾额摆放讲究中轴对称。这块题名匾位于畅观楼一层房檐中轴线位置，属于三字匾，"观"字位于匾最中间位置。这与中国传统建筑、装饰将"尚中"奉为重要原则有关，儒家思想讲究"中正有序、不偏不倚"。因此，皇家建筑形成了以南北中轴线为基准的东西对称模式，匾额装饰也是强调"中为正"思想。中国儒家文化中讲究"尊卑有序"，突出了"居中"的权威。制作匾额前，要对匾额大小准确计算，并对匾心字体间距、格式做出详细规定，务求比例合宜、均衡美观。

畅观楼内的陈设、器具以西洋式为主，楼上、楼下均有特制的各式沙发，有转圈四人的，有三人、二人的。其中二人的沙发为 S 形。椅垫等大部分由士农工商部绣工科特别制造，花卉禽鱼五彩斑斓。楼梯上下及地板皆铺地毯，铜条饰边，地毯也是五彩织绒的。楼内四壁悬挂螺钿屏、钿绣屏，绣屏上有款识。有画屏四帧，为金陶陶女士手笔。

西边二层东西两室内，各置一铜床，帐褥皆黄色，为慈禧、光绪来场休息之所。光绪三十四年（1908 年）四月、九月，慈禧及光绪曾两次来场，均在此小憩。慈禧第一次来畅观楼时，在三层平台上观看场内景致，并与光绪、裕德龄、李莲英等在楼上用茶点。东边三层楼上，陈列珍贵瓷器，主要为日本制造。

宣统三年（1911 年），畅观楼售票，任人游览，票价每人二百钱。

1912 年 8 月 29 日、31 日，以及 9 月 1 日，孙中山先生曾三次来此，参加广东公会、全国铁路协会、邮政协会、北京参议院及军警界为其举行的欢迎会，并发表演说，合影留念。民国时，畅观楼内设有两面特大型"哈哈镜"，均是紫檀螺钿边框，紫檀底座，摆在楼下大厅左右两侧。一面照人细长；一面照人矮胖。室内屋顶上悬挂各式多盏料丝挂灯。墙上悬挂大型油画，地上铺地毯。楼中多宝格、玻璃柜内都陈列着各种瓷器、料器。门票为铜币十枚。

1950年，修缮畅观楼。1951年，西藏十世班禅与中央政府商谈西藏和平解放之事时亦在此住过。《中央人民政府和西藏地方政府关于和平解放西藏办法的协议》（简称《十七条和平协议》）在北京签订。5月28日晚上，班禅大师在畅观楼隆重设宴，招待中央人民政府全权代表和西藏地方政府全权代表，共庆和平协议的签订。

1955年3月9日，毛泽东主席曾亲自到此看望西藏的十世班禅额尔德尼·确吉坚赞大师，同他进行了长时间的亲切交谈，并将"团结进步，更加发展"八个字作为临别赠言。后经中央讨论，这八个字成为指导西藏工作的基本方针。

畅观楼还是第一部关于北京城市建设总体规划的方针性文件《改建与扩建北京市规划草案要点》的诞生地，这部方案被称为"畅观楼方案"，对北京的规划建设和长远发展具有现实意义和深远影响。

60—70年代，在畅观楼后面发现一块刻有设计者名字傅佰锐的小石碑，埋在后墙根下。曾有著名德国建筑史专家参观后说："我从未在德国以外看到如此地道的德式皇宫建筑。"1983年9月5日，这里被辟为青少年科普馆。2015年，动物园园史展亮相畅观楼（图3-10）。

畅观楼周围环水，绿树掩映。楼南数十米处有一座白石小桥，名南薰桥。"南薰"的意思是"和煦之风"，典出《南风》诗，相传为虞舜所作。《孔子家语·辩乐篇》记载："昔者舜弹五弦之琴，造南风之诗，其诗曰：'南风之薰兮，可以解吾民之愠兮，南风之时兮，可以阜吾民之财兮。'"南薰，意在要"延续和煦之风、谋福于天下

图 3-10　如今的畅观楼

黎民"。同时又暗含"舜歌南风"的典故，象征贤君明主，像和煦的南风一样，恩泽万民、万物。

　　桥南东有一铜狮，西有一麒麟，均口能喷水。《本国新游记》中记述"此狮于开筑园场时得之土中者"。1909 年报载的一篇游记中记述这对铜狮、麒麟时写道："东边的铜狮，由狮口内向下喷水，水线万道；西边的麒麟脑袋向上，做回顾状，却由口内向上喷水，激射力大，如同巨泉，水声悦耳。两者的下边，各有一长方形池，池内有金鱼数尾，池水被喷水冲滴如同活水一般。"畅观楼前有对铜狮、铜犼，其中犼为望天犼、面北，寓意监视皇帝在宫中的举动，如果皇帝久居宫中，不理政事，犼便会催促皇帝出宫体察民情，不要总待在宫中享乐，于是人们称面北的犼为"望君出"。在此设立铜犼亦有提醒皇帝体察民情之意。

4. 豳风堂 位于农事试验场东北部，面临荷花池，1907年底至1908年初建成。豳风堂（图3-11）为五大间嵌有冰梅玻璃窗的房屋。堂额书"豳风堂"，联书：云峦四起迎宸幄，水村千重绕御筵。"豳风"出自2000多年前的我国最早的田园诗《诗经·豳风》，其中《七月》一首着重描写全年各月农事劳动，旧时认为是周公赞描述西周王室祖先公刘在豳（今陕西旬邑）立国时发展农业事迹的作品，主要为歌颂人民群众劳动辛苦而作。慈禧、光绪以此二字铭之，含有"民以食为天，国以农为本"之意。当时，营建豳风堂正是为慈禧、光绪观稼的地方。

堂外有宽大的游廊，廊下有院子，院子上罩铅板天棚。所有廊上、院内，都设有茶座。廊上是女座，院内是男座。 薪资每人铜子六枚，每桌铜子四十枚，可坐八人。院外沿荷花池旁设茶座，在此品茗观荷，风景绝佳。堂四周环以假山，不建粉墙，以峰石为垣，常前植桂花数本，每至花期，香气苾弗，日留枢户间不散。堂后植松，四面石壁，

图 3-11 豳风堂

秀润奇峭。

慈禧、光绪于农事试验场建成时，曾来游览。慈禧至豳风堂小憩，见有商肆陈列，亲问物价，肆商跪陈数目。豳风堂北面，初为农事试验场的中央花园，有一假山石堆砌的高坡，内有人工制造的小瀑布，水从假山石洞中冲流而下，流入河池中。

1917 年夏，场内举行农林展览会，在此陈列有关农林的各色物品，并设有讲解人员分班讲解。1929—1934 年，国立北平天然博物院时，此系招商包租，有茶及中外糕点等各色食品，游人多在此休息。1935年出版的《燕京纪行》中，记述豳风堂："堂前悬乾隆御题额曰'壮肆声威'。联曰：'鼓勇若雷霆技操必胜，有机在星斗业精于勤。'"此乾隆御题额，是农事试验场于 1915 年租西山之麓健锐营后将健锐营内有关匾额、物品置于豳风堂的。《闲话西郊》中记述："豳风堂建筑宏敞，藻绘鲜华。东偏有假山，累石而成山洞；西为纤曲之长廊，俯瞰荷塘。堂前有文冠树数株，为本场珍奇之品。左前有磊桥，累积青石，错综成为桥础，上架天然形成青石板，不加斧凿，于自然之中，尤其巧思。堂西有牡丹多种，有亭名'牡丹亭'，与曲廊相通。其后面土山上，林木茂密，风景幽雅。再北园后垣，昔辟有水门，游艇可由长河驶入园，今则门虽设而常关矣。"

1946 年，在豳风堂各处分设茶点馆及浮摊。

5. 荟芳轩　建于 1906 年。建筑形式为中式一排九开间，外有栏杆，门窗为圆拱形式，初期为农产品标本室（1928 年设立），陈列千余种农产品标本（图 3-12）。轩前为芍药圃，以黄色芍药为最佳。

轩东建一桥，桥墩、桥面均系青石板所建，遂名"青石桥"，1933 年更名"磊桥"。

1954 年 1 月，对荟芳轩进行修缮。

1988 年，油饰荟芳轩门窗、廊柱等。

图 3-12 荟芳轩原貌

图 3-13 翻修后的荟芳轩

1994 年 8 月，翻修改造。

2008 年 8 月，荟芳轩内部改造（图 3-13）。

6. 松风萝月轩　位于北京动物园中部，建于 1906 年，是一座长方形敞亭（图 3-14），周围双层栏杆，可休息乘凉，亦是游船码头。原慈禧御坐船停于此处。北面是莲花池，是清代奉宸苑管理王公贵族赏荷三十八胜景之一。东面有藤萝架。其意境与宋代诗人范成大的《怀归寄题小艇》中"松风萝月须相信，春水深时上野航"颇为契合。

图 3-14 松风萝月轩

图 3-15 修缮后的松风萝月轩

　　1951年，翻修松风萝月轩。1966年，松风萝月轩驳岸加固。2008年，对松风萝月轩按古建筑传统工艺做法进行修缮、油饰（图3-15）。

　　7. 依绿亭　　也叫依绿馆，位于北京动物园中部，建于1906年，1922年修理、油饰处所之一。宋代黄庚曾写过一篇诗词《依绿亭》："数椽潇洒瞰清漪，荡漾烟霏欲湿衣。阑角寒光摇翡翠，檐牙倒影浸琉璃。荷边鼓瑟游鱼听，柳外敲棋睡鹭飞。洗尽红尘青眼客，临流何惜赋新诗。"这座位于湖畔的小亭子，仿佛正是按照其中的意境而建的。依绿亭原为二层海棠式亭，是清农事试验场留存建筑，具百年历史，后上层损坏，仅存一层。

1990年油饰、整修依绿亭。依绿亭（图3-16）内有一石碑，是2006年为纪念北京动物园成立一百周年而立的，碑阳刻有黄永玉题写的"百年纪念"，碑阴刻有胡仲平写的"北京动物园百周年碑记"。

2006年重新油饰，并整体挪移至豳风堂东南侧，周围有松树。

8. 牡丹亭 位于动物园东北部，也称"中式花园"（图3-17），始建于1908年初，分为南北两个半圆廊，合成一个大圆廊。南廊中央有一个玻璃方亭，北廊中央也有一个玻璃亭，居中陈列小桌，可喝茶休息。两个半圆廊中间为花圃，种有各色牡丹。北廊外为荷塘。牡丹亭四面环水，岸边植有槐、柳、椿、榆、楸、牡丹等植物。因楸树花为紫色，寓意紫气东来，树龄长，又有千秋万代之意。慈禧曾来此赏牡丹，《帝京百咏》诗曰："洛阳花开长河畔，慈宁驾临牡丹场。国色天香尽繁盛，群芳之中富贵祥。"1964年油饰一新。1989年牡丹亭大修，南北两个亭挑顶重修。牡丹亭及长廊油饰、花坛路面修葺，

图3-16 百年纪念亭

图3-17 中式花园

部分柱顶石更换（图3-18）。

9. 陆谟克堂（图3-19）　为纪念法国生物学家、遗传学家拉马克（即陆谟克）而建，建于1934年，是目前国内已知的唯一一座法国庚子赔款建筑，同时也是中国最早研究植物的科研楼、中国现代植物研究基地，见证了中国科学的发展与壮大。建筑为一组西式楼，高三层，楼南正面刻有"陆谟克堂"四字。此楼作为国立北平天然博物院的生物楼，供博物院生理、动物、植物三研究所使用。建筑费7万元，由中法教育基金委员会出资6万元（来自法国庚子赔款的退还部分），国立北平天然博物院出资1万元。此楼实际上是为国立北平研究院之用。因此时的原农事试验场改组为国立北平天然博物院，是国立北平研究院的研究之地、试验场所。1949年在这里建立了中国科学院植物分类研究所，1953年改为中国科学院植物研究所。现为中国植物学会办公地和中国科学院植物标本陈列馆筹备处。1989年8月，被西城区政府公布为区级文物保护单位。

北平研究院始于1928年9月21日李煜瀛代表大学委员会列席国府会议，说明北平大学组织与预算，经费不足可与其他机构谋求合作。

图3-18　牡丹亭

图3-19　陆谟克堂

1929 年 2 月，吴稚晖提议研究院下设生物部于天然博物院内。北平研究院开办时下设生物部、理化部、人地部，各部下再设研究所，生物部下设生物学研究所、动物学研究所、植物学研究所。各所址皆安排在天然博物院，即今北京动物园。1929 年 8 月，农事试验场在原基础上扩大改组，易名"国立北平天然博物院"，改组后与北平研究院合作，利用博物院现有工作基础达到为研究院生物部觅得房舍，节约开办开支的目的。李煜瀛曾云："北平研究院与北平其他学术机关合作计划筹商已有时日，近经教育部关于研究院之进行更有具体规划，共襄拟定北平各学术文化机关合作办法，其主要者，如故宫博物院、北平农事试验场，就此两处，可分别研究关于国故与各种天然学术。"

中华人民共和国成立后，北平研究院植物学所与静生生物调查所合并，组建中国科学院植物分类研究所，后更名为"中国科学院植物研究所"。新所址就设在陆谟克堂。

北平静生生物调查所成立于 1928 年，由美国庚赔退款资助建成，其原址在北海一带。两所合并后，其旧址成为新成立的中国科学院院部办公地，后因离中南海太近，建筑被拆除。于是，陆谟克堂成为京内仅存的中国植物学起点的标志性建筑。

在两所合并之初，共有标本 33.5 万份，随着时间的推移和标本数量的增加，陆谟克堂三楼 600 米^{2}的标本馆日渐无法承载，部分标本零散地存放于堂外 10 处条件简陋的房舍中。20 世纪 60—70 年代，由于建筑位于植物所区的最北端，人们多称其为"北楼"，至 70—80 年代时，"北楼"这个称号还继续沿用。

1975 年，植物所 14 位研究人员联名给邓小平以及其他几位国务院副总理写信，要求建设国家植物标本馆大楼。

1984 年，10 000 米^{2}的新标本馆在香山落成。至此，植物所的核心科研、办公地逐渐向香山转移。

到 1995 年底，最后留在这里的研究室、实验室也全部迁出。

2010年，陆谟克堂划归中国科学院古脊椎与古人类研究所使用。

我国植物学界开拓者和奠基人之一，著名植物学家、林学家刘慎谔曾在此任植物学所长。当年，刘慎谔在动物园西部筹建了植物园。如今动物园西部的美国山核桃、钻天杨、小叶朴等树种，即刘慎谔带领全所同事为植物园所引种的。

10. 海峤瀛春 又称东洋房（图3-20），建于1906年，位于豳风堂西侧岛上。建筑为日式风格，四面都是玻璃窗，可以左右推动。门即窗，窗也为门。屋内分两层，低处放许多东洋凉鞋，高处地板上铺着席子，称为"榻榻米"。来人入内，须盘腿坐。东洋房东侧，过步瀛桥，又一岛，上有一座东洋亭，高敞明亮。初时拟在此设"东洋茶肆"。

1929年后，为国立北平天然博物院时的仓库，储零用物品。

1943年，东洋房"纸窗木扉，玄关板壁"皆东洋式，唯房上所用之瓦为中国式布瓦。岛上有樱花数株。

11. 来远楼（图3-21） 建于1906年。楼为三层，非传统中国式。楼东西有长廊，燕春园番菜馆设于此。番菜即西餐，中国最早的西餐厅叫番菜馆。农事试验场里的燕春园番菜馆是第一家中国人经营的西

图3-20 海峤瀛春

图3-21 来远楼

餐馆。慈禧太后在品尝过西餐之后，开始推行西餐文化，把"吃"当作政治和社交，经常举办西餐宴会邀请各国的公使夫人进宫吃饭。从大量资料来看，它代表着宫里的时髦风向标，宫外的第一家番菜馆（也就是西餐厅）应运而生。当时，每年夏天，慈禧和光绪从宫里到颐和园避暑的途中，就会路过这家西餐厅进去休息、用餐。

慈禧太后吃过的第一家西餐厅其实就是位于农事试验场（北京动物园前身）来远楼的燕春园番菜馆。

番菜馆中央设大长桌，四周是圆桌。东边有雅座两间，为的是预备女宾。二层楼上偏西也设长桌，偏东设圆桌。另又有雅座一间。偏北处也设一桌，专为上菜、撤菜、存放酒瓶、菜盘处。第三层的楼梯和寻常形式不同，楼梯在正中央，靠着中柱旋转而上，梯形如同盘龙柱。因楼高，地方不大，在四面玻璃窗处设小圆桌一张，洋椅两把。共四张圆桌，八把椅子。开窗四看，全园在目。"菜价分为四等。一等每人二元；二等每人一元五角；三等每人一元；四等每人五角。"在番菜馆，"吃头等餐厅的情况是，顾客坐下后，先吃两片白面包。上汤，端着喝。起菜，炸鱼。再上白煮鸡蛋两个、鸡蛋糕一块，上水果、咖啡。"经理是中国人，厨师招聘的都是外国人，做出的西餐原汁原味，番菜馆使老北京人充满了好奇。

当时，能尝到西式餐饮的除了皇亲国戚外，大都是官员、商人和士大夫阶层，西餐首先是在他们之中流行开来的。

1905年《大公报》有消息称："十二日为皇上赐宴各国公使之期，次日为皇太后赐宴公使夫人之期，两日燕饮俱由燕春园番菜馆之庖人前往筹办，两日共用上等番菜二百余份，至十四日始由颐和园回京。"

《万生园百咏》咏设有番菜馆的"来远楼"时表达了这样的感受："更上层楼倚碧窗，满盘番菜酒盈缸。新鲜肴馔清虚府，宴客犹疑在海邦。"那时的人们正是通过喝咖啡、吃西餐这些带有仪式感的体验，来领略其所代表的西方文明和异域风情的。

1928年，来远楼的二十八间房舍成为新成立的植物学所的办公地，研究室十间，宿舍十间，标本室八间。植物标本的采集，是植物学研究最重要的工作之一。1929年秋，植物学所尚在筹备期间，第一任所长刘慎谔便亲赴西山、东陵采集标本。到成立的第二年，八间标本室便严重"超容"，先是三所内调配、改造，又得房十间，但很快就再次"超容"。于是就有了陆谟克堂。

12. 咖啡馆　又名"西洋茶馆"（图3-22），1908年建成，大九开间新式玻璃厅，位于来远楼南侧。四面窗户上的玻璃，共计800块。前后两面各270块，左右两面各130块。室内陈设皆洋式座椅，分出男女两栏，南半部为男座，北半部为女座，有玻璃屏扇挡着。外廊西面和南面，沿着栏杆一带，都是茶座，统计里外可容300多人。"内中的茶每壶铜子8枚。加牛奶则为铜子10枚。点心有鸡蛋、饽饽及西洋点心，每碟都是铜子12枚。"

西廊外有莲花池（图3-23），池中央有石块堆砌的小岛，岛上有僧帽亭，上有一对假仙鹤，中心点有喷水管。"喷出的水，多至五六道，高至一二丈。南廊外有高桥，此处较谲风堂风景更佳。"1921—1928年，此处为动物标本室。1929年后，为植物学研究所标本室。

图3-22　西洋茶馆

图3-23　莲花池僧帽亭

1943 年，改为农具室，并拆除僧帽亭。

13. 万字楼(图3-24)　中国建筑丰富多彩，造型各异，独具特色，令人赞叹。"万字楼"为中国传统建筑实例极其罕见的一种建筑形式。万字楼因平面呈"卍"字，故俗称"卍"字楼，"卍"是"吉祥如意"的意思。这个字梵文读"室利踞蹉洛刹那"，意思是"吉祥海云相"，也就是呈现在大海云天之间的吉祥象征。唐代武则天，定音为"万"（wàn），意为"吉祥万德之所集"。而在佛教中"卐"为吉祥标志，人们将"卐"写在庙门、墙壁及其他器物上。但以"卐"字字形运用到建筑布局上，在我国却极为罕见。已知最早的"万字楼"建于雍正五年（1727 年），位于圆明园中心景区后湖西北侧，俗称"万字房"，皇家建筑师雷金玉设计。整座建筑居于湖中，四面环水，平面呈"卍"字形，共 33 间殿宇。雍正常在此接见大臣商讨国事、休憩游玩；乾隆帝亦偏爱有加，题名其为"万方安和"，象征大清江山永固，世代传承。遗憾的是这座极具特色、建筑与自然完美融合的皇家建筑没有保留下来。

动物园前身农事试验场里的万字楼设于场中心，建于 1906 年，

图 3-24　万字楼

为二层木质结构建筑，平面呈"卐"字形，四角曲折左右回旋成万字纹样。"万字楼"作为品茗观景之所，楼上为男客座，楼下为女客座，茶资为六枚铜子。在当时每逢周日接待学生，不收资费，但需学堂总理知会方接待。若自行来游，仍收费。1935年烧毁。现已无存。

如今国内现存唯一的木结构"卐"字形建筑是太原文瀛公园的"万字楼"。

14. 观稼轩（图 3-25）　1906 年建成，位于万字楼西北，东边为一草亭，一带长廊的栏杆都是树根、树枝编成。轩中为茶座，地方宽大。观稼轩茶资为四枚铜子。轩偏东是女座，中央和偏西一带是男座，北面有雅座三间，向南望则稼穑纵横。轩西边是植物园。观稼轩与植物园间有三间土房，是喷水管的机器房。

1917 年，此处茅屋一椽，无甚佳玩，就中 * 惟储藏各种花木甚多。1935 年后设园艺股办公处,在观稼轩东山口处有一个长 10 余米的藤萝架。

图 3-25 观稼轩

---

　*"就中"指"居中"，为《北京动物园园志》原文。

1955 年，兴建犀牛河马馆时拆除。

在 1908 年《京师博览园游记》、1909 年《记游花园》中记载均为"观稼轩"，而无"自在庄"。在蔡东藩著《慈禧演义》和一本名为《清季野史》的书中，均有"自在庄"的记述。在《慈禧演义》慈禧游万生园一章中"西太后道：'我们在自在庄午餐'，园总管应声去讫。……到了自在庄，日光将要晌午了。园总管已在庄中，指点厨艺，摆设杯盘。西太后道：'这里寓乡村风味，我们且做一回乡人。一切肴馔，求洁不求丰，宜雅不宜俗，何如？'园总管遵嘱，每席不过八肴。只首席陈了十二肴。"《清季野史》中"至万字楼，无风景可言，惟楼作"卐"字形，结构甚新。复过自在庄，至植物园。"从文中所提到的位置看，万字楼应与观稼轩为一处。此外，在《实业总署园艺试验场一览》建筑物中，只统计有自在庄 16 间，而无观稼轩。

在《本国新游记》中，则分别记述该两处："观稼轩，为清帝后幸此观耕之所，实则当时臣僚阿媚语，无其事也。自在庄，为简陋之厅屋数楹。前盖芦棚，甚宽阔可以茗坐。"

15. 镜真照相馆　1908 年，鬯春堂东南，原广善寺后身。地势较高，三开间楼房。楼外有庭院，高搭天棚。外陈设许多盆花和桌椅。院外悬挂龙旗两面，二十四方五彩万国旗，纵横斜支着成"十"字形。此处为出场必经之处。

此照相馆在 1911 年（宣统三年）时，仍有记载："至照相馆，有全园风景出售，问其数，曰百枚；问其值，曰银三元。"

1912 年后查到的资料中，再没有照相馆的记载。

1929 年前，记载此处为农林传习所。1929 年后，改为动物标本室。

16. 停云轩　最早记述 1912 年，东洋房西北。拆除原停云轩 5 间旧房，180 米^2；后因营业需要，形成 850 米^2 的院落。后拆除，经改建后停云轩面积 298 米^2，建筑向北移位。

17. 旷然亭　又称"挹翠亭"，建于建场初期。1934年记录其在场西北隅土山上，地势高峻。登临一望，农田村舍历历在目。其土山绵亘甚长，富有各种树木，如朴、栾、楸、槭之属，皆成茂林。近又添奇树多种，辟为林木园。

此外，还有狮亭2座，猴亭、狐亭、八方亭、六方亭、挹翠亭和致远楼亭各1座。

（二）功能建筑

1. 陈列室　1908年所建的育蚕室，为一排平房。室内中央玻璃房内陈列许多木架，架上一层一层的都是蚕茧。蚕茧分为青熟茧、又昔茧、诸桂茧、白笔茧、新圆茧五种，大半是日本品种。另一架上挂着许多纸牌，牌上写明一日、二日的标记。西边有缫丝的小机器。五架大机器，四架是缫丝用的。又有理化室，内陈各种标本、蚕模型。当时，北方不胜养蚕种桑，农事试验场内正试验蚕桑，慈禧在游览农事试验场时，看到场内种植着诸多桑叶，曾对园总管说："蚕桑是最要紧的事业，大内亦有桑园，后妃等尝采桑饲蚕，我至今尝亲祀先蚕，不敢衍误。前年且命浙省抚臣，招选湖州蚕妇数人入宫，教习饲蚕的法子，并设立绮华馆，另募机匠，缫丝织绸，目前颇有成效。可见北地未必不宜桑，北人未必不宜蚕，所患在不肯学习。"育蚕室后改称"标本室"。

博物馆建成后，除展出中外农作物种子、标本外，还展出来自荷兰的风磨、播种机，日本的马力播种机、马力除草机、掘苗器及国内部分农具。同时，博物馆还涉及矿产品如金矿、银矿，肥料，钓具，各种中外农业书籍和说明书，等等。肥料有美洲的加里肥料、荷兰的磷酸肥料等。钓具为德国的工具鱼竿及其他钓具。展出书籍涉及各种农产品的栽培、施肥、浇水、除草、管理、收割，以及树艺、桑苗栽培法等方面。此外，书中对禽鸟、昆虫、水族、兽类的性能和饲养法，各种农具、农机、肥料的使用法，等等，均作了详细记载，有的还附有图解。民国时，逐渐设置蚕丝标本室、农产标本室、昆虫标本室、园艺标本室、动物标本室和农具标本室。

2. 蚕丝标本室　又称为"蚕丝股陈列室"，均为光绪年间育蚕室的继续。此陈列室设在蚕丝股处。在此展示各种蚕的标本及蚕至蛾各种过程的模型，还展出各种丝及丝织品，可以任人参观，并有人指导说明。

3. 农产标本室　设立于1928年。此标本室设在荟芳轩内，室内储存着各种农产种子、茶叶、木材、药材、蚕丝、羊毛等项标本，共1 200多种。

4. 昆虫标本室　设在场西北部。室内陈列害虫、益虫标本甚多。标本室详细介绍了昆虫种类，有害虫、益虫的分类，昆虫的发育顺序，本国特产昆虫，昆虫与被害植物，各种浸制幼虫、昆虫翅部的比较，药用昆虫，等等。室内还展有预防、驱除害虫的说明及捕获昆虫的器械、药剂等。

5. 园艺标本室　与昆虫标本室相邻。最初室内陈列植物模型96种，花卉种子206种，果实浸制标本10余种，园艺器具91种。

6. 动物标本室　1921—1928年，标本室设在原咖啡馆内。室内陈列虎、豹、狮、兕、斑马、猩猩、纹狼、箭猪、袋鼠、驼羊、羚羊、獐、狍、狐、貉、海豹、花蟒及禽鸟等各类标本，计700多种，多为场内原有动物死亡后剥制陈列。

1935年，将农林传习所设为动物标本室。标本分在四个陈列室内展出。第一陈列室陈列哺乳动物，第二陈列室陈列鸟类，第三陈列室陈列两栖爬行类，第四陈列室陈列鱼类。1943年以前动物标本室由法国大使馆中法大学管理。1943年4月收归农事试验场管辖。

7. 农具标本室　在农事试验场正门对面，偏东。占地约300米^2。游人可随意观看，有播种器、各种犁、耕种器具。

这些陈列室或标本室，自1936年频繁更换场长后，渐渐不被重视，自行淘汰。

8. 气象讲习所　1914年，刘春霖任农商部中央农事试验场场长时，主办气象讲习所。之后，在慧安寺旧址处建成观测所，观测所为二层楼房。1927年以前，归农矿部直辖。1927年后为农事试验场管理。因天气与农事有密切关系，农事试验场对气象观测每天都有详细报告，并向北平各机关、各报馆发送。1929—1934年，观测所曾名"测候所"。这期间出版的《燕都史迹风土丛编》中记述："观测所，天时与农事，本有密切关系。该场对于气象观测，按日计时，均有详细报告。北平市各机关及各报馆，所登载之天气预告，皆由该所之公布也。"

（三）纪念性建筑

1. 四烈士墓　"彭杨黄张四烈士墓遗址"碑位于荟芳轩南侧、水禽湖东侧的松林中，碑的正面向北，背面碑文为烈士生平简介。四烈士墓是辛亥革命时期为推翻满清封建王朝统治而牺牲的革命党人彭家珍、杨禹昌、黄之萌、张先培之墓。彭家珍于1912年1月26日因行刺阻挠清帝逊位之顽固派良弼不幸捐躯，后为孙中山先生追授"大将军"衔。杨禹昌、黄之萌、张先培于1912年1月16日谋刺清内阁总理大臣袁世凯未遂被捕遇难。同年8月6日，彭、杨、黄、张遗骸合冢于此，建"四烈士墓"。墓"十"字结构的墓基底座，高1.3米，"十"字墓基四围夹角处有石阶，高0.5~0.6米。墓基正中树有八角形纪念塔，四面分别书有：烈士彭家珍之墓、烈士杨禹昌之墓、烈士黄之萌之墓、烈士张先培之墓。同年8月，孙中山先生为四烈士迁葬，亲临送葬现场，并在此摄影。9月24日，中国同盟会重要领导人之一黄兴携宋教仁、谭人凤、陈其美到万生园，公祭四烈士，并留影。1913年，黄兴为碑文题词，曰：慷慨一击烈士死，庄严亿载民国生。今之孑遗者断指拔眼当健在，愿无使国土一怒今而为此不情。宪民同志将归蜀，出手书四烈士碑文索题。呜呼！烈士死矣，国基不固，吾辈何归？知其心更苦也！"

1935年，重修四烈士墓。

1991年，建四烈士墓凭吊碑（图3-26）。

2016年，在南区山体景观提升工程施工时，挖掘出条砖灰土基础结构及刻有"四烈士墓营葬记"石碑。经考证确定，开条砖、青白石栏板、八角方尖碑、石碑、条石、地伏等遗存物件均为民国时期建筑构件，具有重要历史文化价值。

图3-26 四烈士墓凭吊碑

图3-27 宋教仁纪念塔

2. 宋教仁纪念塔　1913 年宋教仁被暗杀后，1916 年在其居住过的鬯春堂北面建立了一座 2 米高的"宋教仁纪念塔"（图 3-27），塔型采用古希腊方尖碑的形式，环塔四周种植柏树百余株。20 世纪 60 年代纪念塔被毁，仅余二层混凝土基座。2009 年 11 月复立一座梯形石碑（图 3-28），石碑的正面刻着描金字"宋教仁纪念塔遗址"，石碑的背面刻有简短的碑文，"宋教仁（1882—1913 年），湖南省桃源县人。1912 年任民国第一届内阁农林总长。住'农事试验场'鬯春堂，年底离开。1913 年 3 月 20 日，在上海车站遇刺身亡。1916 年，在此建宋教仁纪念塔。原纪念塔毁于 1967 年间。"

宋教仁是民国初期第一位倡导内阁制的政治家，他发扬了资产阶级革命思想，领导推翻帝制的武装斗争，草拟资本主义宪政纲领，以议会方式反对袁世凯专制，与黄兴、孙中山并称"辛亥三杰"。中华民国在南京成立时，被孙中山任命为法制院院长，凭借日本法政大学科班出身的留学经历，以及多年对西方政治体制的研究，他亲自撰写

图 3-28　宋教仁纪念塔遗址碑

了一部宪法草案，即《中华民国临时政府组织法》。1913 年 3 月 20 日晚 10 时，宋教仁准备经上海返回北京时，在上海火车站遇刺，伤重不治，于 3 月 22 日凌晨在医院去世，终年 31 岁。孙中山撰挽联："做公民保障，谁非后死者；为宪法流血，公真第一人。"

二、农事试验场水与桥

以皇家园林水系为脉的农事试验场，地邻长河，水网纵横。光绪年间，长河成为慈禧太后前往颐和园避暑的必经水路。光绪三十四年（1908 年）四月，两宫到农事试验场参观，从倚虹堂乘船入场，在场中水域内泛舟。同年九月，由颐和园到农事试验场赏菊。在农事试验场西北部，沿长河有三座宫门，即北宫门、西北宫门、西宫门。慈禧自长河舟行至场，即从西北宫门入内进畅观楼。场内较大湖面有六处，狮虎山前、豳风堂前、水禽湖、黑水洋、畅观楼东西两侧。其中除黑水洋为农事试验场时期挖湖引水，其他五处均为乐善园、继园时期遗留水脉地形。水禽湖上一池三山，仿太液池、蓬莱、瀛洲、方丈的传统园林模式，水面被分割，结合山石地形又形成不同空间。这一做法继承了中国自然山水园林的造园手法，又融入了道家的思想。

明代计成著《园冶》总结造园中的理水原则，曰"宜亭斯亭、宜榭斯榭，高方欲就亭台，低凹可开池沼，卜筑贵从水面，立基先就源头"。香山泉源丰沛，水源主要来自天然林泉，源渠众多，因山高而水长，涧溪幽曲，其理水及造景因山就势，延而为溪、聚而为池，水随山转、山因水活，呈现出对自然界溪流的艺术摹写，涓涓溪流，透邋曲折、变幻多姿，体现了"求窄、求曲、求变化"的原则。泉随山绕，储者为阪、流者为渠、平者为潭、曲者为涧、激者为泉、淳而延者为潭、为沼，产生"忽开忽合、时收时放"的节奏感，营造"水远、景高、境深"的审美效果，从其园林理水遗址上可以反映出前人留下的解不开抹不尽、意境幽深的风水情结。农事试验场的理水手法同样是因地制宜，大则化整为零，小则内聚开阔。理水因借自然、山水相得、全山全水、宛自天开，与动植物完美融合，动静相得益彰，通过水景观多方展示诗情画意的人文生态特色，同时赋予山水比德等更深的独特文化内涵，寓情于景、情景交融，表现出了"崇尚自然、淡泊自由"的意境。

旧有《游万生园诗》写道："西行忽见飞桥连，下有曲涧鸣流泉。舟子抱桨眠柳絮，园丁缚帚扫榆钱。"这一带水、桥、船的游趣，更有动人之处。由于清农事试验场在乐善园、继园旧址、广善寺、慧安寺基础上兴建，而在当时乐善园便是以水景闻名的沼园，其水域多，故而桥也多。有水必有桥，桥梁既是过水的通途，也是水光的点缀，把平面的水色打造成立体的水景，桥梁是河流灵动的标志。著名桥梁专家茅以升，曾经说过这么一段意味深长的话："从一座桥的修建上，就可以看出当地工商业的荣枯和工艺水平。从全国各地的修桥历史，更可看出一国政治、经济、科学、技术等各方面的情况。"万生园的桥千姿百态，体现了当时的工艺特色，颇具意趣。这些桥不仅增加了水面空间的层次感且增加了水面的趣味性。

几年前，报载崔普权先生收藏的光绪九年（1883年）老戏单上一则广告："西直门外动物园五月下旬开办……因园内桥梁甚多，不能行，必须坐轿方能逛完全景耳。"清末京师农事试验场开办留下《京师农事试验场全景》，为我们保存了"十三桥"的风采，计有：动物园北门劈柴桥、农林房劈柴桥（图3-29）、东北宫门木桥（图3-30）、东北宫门断桥（图3-31）、荟芳轩东青石桥（图3-32）、瀑布西三叠游廊桥、中式花园之长木桥（图3-33）、东洋房高木桥（图3-34）、万字楼南大石桥（图3-35）、畅观楼前白石桥、鬯春堂东洋式桥、鬯春堂南高石桥、五谷地里高木桥（图3-36）。其中，进出东北宫门的

图 3-29 农林房劈柴桥

图 3-30 东北宫门木桥

图 3-31 东北宫门断桥

图 3-32 荟芳轩东青石桥（磊桥）

图 3-33 中式花园之长木桥

图 3-34 东洋房高木桥

图 3-35 万字楼南大石桥

图 3-36 五谷地里高木桥

第三章
开通风尚之名园改革

断桥，桥面上只有约1/3铺着活动板，可以随时撤去，是少见的活动桥；桥上走人，桥下过船，高桥过大船，桥高洞也高；而断桥过船是须通过更高更大的皇家御舟。在《天咫偶闻》里就记载有："光绪末年，出西直门西北去万寿山，过高梁桥，北岸，有倚虹堂船坞，是慈禧的皇家船坞。"在干旱的北京，这座船坞被用作慈禧及皇家的泊船停船之所，也就是皇家码头。"万生园船坞登御座，试验场水路上颐和"——当年，慈禧就曾在这里登上御船，浩浩荡荡地一直开到颐和园去，因此通过东北宫门那桥便成了断桥。

场内当时有桥约30座，因时期不同，时有增减。其中被命名的桥有23座，名字一直沿用至中华人民共和国成立初期。这些桥的名字颇为雅致，分别为：观鱼桥、眠鸥桥、稻香桥、步瀛桥、问津桥、枫桥、杏桥、印月桥、之桥、南薰桥（图3-37）、南畅观桥、李桥、元桥、环碧桥、易桥、梯云桥、桠桥、有秋桥、蓝桥、古泉桥、青石桥（磊桥）、荟芳桥、飐风桥。随着1949年中华人民共和国成立，不少河汊被填平改为道路，部分桥也随之被拆除。

1. 观鱼桥、眠鸥桥　分别在动物园西、北两侧，是进出动物园必经之路。这两座桥均为木桥。至1944年，已腐朽不堪。1946年为

图 3-37　畅观楼外南薰桥

图 3-38　重修古泉桥

使园艺试验场继续开放，稍加修理。1958年拆除。

2. 稻香桥　在眠鸥桥北侧，两边均是旱地。桥的东侧是大片的稻田。靠近老象房处，1958年拆除。

3. 古泉桥　在稻香桥西北侧，荟芳轩东侧。古泉桥（图3-38）建在甬路上，为木结构。

4. 青石桥　又名磊桥，在古泉桥西侧。因其桥墩、桥面均为青石板结构而得名。

1929年后，农事试验场内道路改造，此桥为主要干道上的一座桥。

1933年，青石桥改名"磊桥"，由朱德的老师李根源题名。在桥南侧矗立着一座高1米多的青石碑。上书："磊桥　李根源"五字。不晓得李根源题写磊桥之名时，是不是想到了苏东坡和秦少游、苏小妹那段千古绝对："踢破磊桥三块石，剪短出字二重山"这段轶事。磊桥二字为10厘米大小，人名字较小，字均为红色。日军占据园艺试验场时，及以后国民党军队占据场内时，磊桥被严重损坏。经市府训令，要求国民党十九军交通通信器材供应库代为修理。

5. 问津桥　在豳风堂东北侧，即通往北宫门的甬路上。其东侧为旱田，西侧为荷塘。1967年河被填，桥随之拆除。

6. 之桥、步瀛桥　之桥为通往东洋房的必经之桥。东洋房与东洋亭均建在岛上。东洋房的东侧为东洋亭，要到此亭，必须经过步瀛桥。

7. 印月桥　在东洋房南侧，为石桥。桥为半月拱形。桥的东、南、西侧均为果园。

8. 蓝桥　在万字楼北侧。万字楼东侧也有一桥，距之桥较近，但没有名字。

9. 梯云桥　在万字楼西侧。桥两侧均为旱田。在梯云桥正北面也有一桥，没有名。其东侧为菜圃，西侧为风磨房。

10. 有秋桥　在致远楼东南侧。

11. **南薰桥**　在畅观楼前，为石拱桥，桥南有铜狮、铜犼各一尊。

12. **易桥**　在畅观楼东南侧，为一座木桥，上镌"易桥"，有说此桥因易培基得名。

13. **枫桥、桠桥、杏桥**　三座桥相距较近。枫桥在有秋桥正南边。桠桥在枫桥偏西南处。杏桥在枫桥偏东南处。桠桥设在场内主干道的岔路口上；杏桥则为出场必经之桥。

14. **高石桥**　1941年更名为"环碧桥"。在场西侧，鬯春堂的正南，是一座砖石结构拱桥。桥面较高。桥南有一处高土山坡。场内人又称其为"白石桥"。

三、农事试验场的园林植物

农事试验场开放后，在皇家园林开辟农事试验场、培植林木、建立植物园，对各地送来的植物——谷麦、蚕桑、蔬菜、果木、花卉五大宗进行试验。1928年取消蚕桑试验，改为水田、旱田、果园、菜园四大类。场外增辟西山果园、蓝甸农场、日坛苗圃。

1930年，几经变更隶属关系，承袭皇家古典园林风格的农事试验场演变发展为国立北平天然博物院植物园。这是一个风格独特的植物园系列。

在这块土地上，1908年建立京师农事试验场、1915年建立中央农事试验场、1928年建立北平农事试验场，1929年建立国立北平天然博物院，1930年建立国立北平天然博物院植物园。1934年建立北平市农事试验场。

光绪年间，《京师博览园游记》中记载："观稼轩再往西，见有一带矮小玻璃房，便是植物园。进门票价四枚。玻璃房内，都是植物。靠东十间，靠西十间，中央过道旁，陈列都是盆花盆草。……园内除这二十间玻璃房外，东面又有一处玻璃花洞。统计园内植物，不下数十种，东西洋植物一概都有。"农事试验场已经开始使用"春节菊花控花"技术。1916年，农事试验场培育出独干多花大菊及除虫菊，并将栽培方法进行推广，是国内种植最早推广除虫菊进行生物防治的机构。

此外，场内尚有一处花卉试验地，内有福建之兰、江苏之菊，河南、山东之牡丹，湖南、江苏之珠兰，以及意大利之草花，澳大利亚之兰卉，日本之菖蒲、蔷薇、樱花、百合、福寿草等类。有草本、木本、丛生、蔓生，或盆栽，或畦植。

植物园位于场西北，约30亩，分若干区，植物按恩格勒（Engler）分类系统分区种植中外不同植物。温室专培奇花异卉，四时不绝，类多热带植物，而秋末之菊花尤负盛名。至1934年，植物园植物种类近2000种5000余株，多为中外珍奇品种。北平农事试验场栽培有木本花卉55科103种，其中木本观花植物22科48种，木本观叶植物22科32种，木本观果植物11科23种。附设农产品陈列室、动物园、动物标本室、植物标本室、农具陈列室、裸子植物林园、被子植物林园、草花圃1个、菊圃1个、温室1个、花洞2个。 裸子植物园在植物园之东，另一侧为被子林园，西山亭（即挹翠亭）居中。1940年春，温室之南辟田40亩，与植物学研究室合办植物园一处，罗列中外植物约2000种，各种植物都标有说明牌。这个植物园的设立不仅供游人之观赏及学校教学实习之参考，更为研究分类学及生态学提供了极有价值的研究材料。其植物来源，或为天然博物院原有之植物，或自北平附近西山、东陵、西陵一带移植而来，或职员野外调查采集标本时顺便带回，或与国外一些植物园交换而来。园内当时已有雪松、白及、醉鱼草、山杜鹃、文冠果、黄栌、悬铃木、大花玉兰、七叶树、六道木等植物引入，这是我国近代较早的植物园之一，受到了学界的重视。遗憾的是1935年，北平市长袁良收回植物园已栽植树木的土地改种白菜，所长刘慎谔对此非常气愤，致函有关方面呼吁收回成命。然而虽经多方交涉，终无结果，植物园被毁。

1941年，改为园艺试验场后，以种植花卉为主。在《实业总署园艺试验场一览》中有关于场内花卉的记载："一二年生草本花卉八十一种，多年生草本花卉三十六种，木本花卉（庭院树木在内）九十五种，球根花卉二十一种，温室花卉有九十四种。"

1945年，实业总署园艺试验场被日本侵略军占领为军需仓库。因无人管理，花卉全部毁于一旦。1946年北平市政府派穆鸿程到场视察，其在报告中写道："园内花圃、苗圃，荒草萋萋！各部楼亭室屋建筑之损坏状况，忆其昔日之赏心悦目，则今日实不忍目睹！……查该园为本市胜景之一，战前驰名中外，人所共知，迨于战后被军队占据，未能开放，实为憾事！兹今腾出应设法积极整理，早日开放。"

第四节
农事试验场文化活动

一、畅观楼与上巳修禊

晋穆帝永和九年（353年）农历三月初三上巳之日，王羲之同当时的41位名士谢安、袁峤之等在绍兴兰亭曲水举行了一次名垂青史的曲水流觞盛会，得诗37首。王羲之酒酣意畅为这37首诗合成的诗集作序，写就了我国书法史上具有里程碑意义的书法经典之作：《兰亭集序》。《兰亭集序》书法之美，登峰造极，一举奠定了王羲之在中国书法史上"书圣"的崇高地位。

《兰亭集序》中有一句话"修禊事也"。修禊，是中国古代上巳节里的一种传统民俗，现在却已成了绝响。上巳节，是中国民间的传统节日。汉代应劭的《风俗通义》把禊列为祀典，说："禊，洁也"。春日万物生长萌动，人易生疾病，时于水上洗濯防病疗病。应劭说，这种习俗活动远在殷周时就已形成，朝廷还专门设置女巫之职进行主持。因为此时正当季节交换，阴气尚未退尽而阳气"蠢蠢欲动"，人容易患病，所以应到水边洗涤一番，见见阳光。所谓"禊"即"洁"，"被禊"就是通过自洁而消除致病因素的仪式，又祈求福祉降临。《论语》中"浴乎沂，风乎舞雩，咏而归"，即上巳风俗。此后上巳节又增加了祭祀宴饮、曲水流觞等内容。永和九年始，文人们把三月初三修禊，视为士子墨客之雅集日，诗人词客尤为在意，特别是每逢癸丑岁，莫不集以唱和。直至明初，朱元璋皇帝为示太平盛世、与民同乐，三月初三携大臣们一道春游，这天"金陵城扶老携幼，全家出动；牛首山彩幄翠帐，人流如潮"。然而作为曾经很隆重的节日，上巳节后逐渐消失在历史的云烟里。有人说消失的原因是，上巳、清明、寒食三节日期相近，内涵冲突，所以都融汇到清明节里了。

民国二年（1913 年），距王羲之的兰亭雅集完成，已到了第二十六个癸丑，四月九日（农历三月初三）梁启超认为"今年大岁在癸丑，与兰亭修禊之年同甲子，人生只能一遇耳"。这时他忙里偷闲，在北京，召旧侣新知四十余位，在西郊万生园聚会。这就是作为美谈的"梁启超（民国）癸丑续兰亭修禊"，此次修禊活动就在万生园西北角畅观楼举行。梁启超选中了畅观楼，除了对其历史渊源的考虑外，也源于他自身的审美——自1898年戊戌变法失败后，梁启超遍游亚洲、大洋洲、美洲、欧洲诸大陆，形成了极为开阔的"世界人"的视野；他所青睐的建筑品味也倾向于欧式，如其此后居于天津的寓所"饮冰室"，就

图 3-39 姜筠所作《畅观楼修禊图》

是一幢意式建筑。然而，当姜筠尝试用图像语言复原修禊的场景时，还是沿袭了传统修禊图的意境。画作（图 3-39）中居于中间位置的二层大楼应为畅观楼，但它完全是传统中式建筑的式样，尤其屋顶为典型的中式飞檐（即梁思成所谓"大屋顶"），与畅观楼原貌有极大差异。而对于松树、柳树，包括于万生园诸多动物中仙鹤的选取，都是传统文人画中极富象征意义的符号。这种表现与实物之间的差距，也许是因为在画家看来，中式建筑的风格更契合文人修禊的主题，而与梁启超的审美异趣。但同时，这也从另一个侧面说明，畅观楼的存在，超越了传统艺术经验的范围，是中国传统文人画的绘画语汇所无法表现和涵盖的。

修禊留下一帧纪念记录参加聚会 36 人的老照片（图 3-40），据史料记载，与会者 40 余人（其中有多人未合影），照片中老年进士 12 人，举人 8 人。青年中有京师大学堂毕业生，归国留学生，还有儿童 1 人。

修禊诗文就刊在 1913 年 4 月 16 日（农历三月初十）出版的第一卷第十期的《庸言》（图 3-41）上，这是本次修禊诗文的首次公开发表。诗前，梁启超撰写 130 字小记，说明集会在仰慕先贤。这次修禊活动通过文字、图像、声音、题裱和出版物多元媒介进行记录，希望将此次修禊经典化，与《兰亭集序》一样流传千古。万生园经由此次有意识

图 3-40 畅观楼修禊合影

图 3-41 此次修禊发表在《庸言》上

地书写和经营，被赋予了更深层次的意义，成为内蕴丰富的文化空间。

此次陈宝琛、严复等人均有诗作应和，这里摘录一首为证：

癸丑上巳梁任公禊集万生园，分韵流觞曲水四首 其三

近现代 严复

录录复录录，岁月如转毂。忆昔遇君时，东海方挫钮。

洋洋时务篇，何止阳春曲。意欲回日车，捧向扶桑浴。

由来一傅齐，不救群吠蜀。椒兰各容长，屈景胥放逐。

中宵看句陈，扰若风中麓。徒闻明纪遗，谁念蔡女赎。

何期十六载，复此事湔祓。茫茫太液池，何处翻黄鹄。

万生园修禊这一活动到1924年仍有举行，北京画院藏《畅春修禊》长卷为证。1924年上巳日，曹秉章、王式通、郭则沄、黄濬4人作为召集人，在可园（今北京动物园西部）召集了民国名宿共38人进行修禊雅集，以"可园"为韵题名赋诗。诗稿由杜盦保存，杜盦去世后，其子嗣保存欠妥以至散落民间。多年后钱丼畏初得修禊集题名，后又

图 3-42 《畅春修禊》（郭则沄，1940）

得樊樊山、周树模、周肇祥、何煜 4 人甲子修禊诗稿。1940 年，钱井畏邀约当年修禊召集人郭则沄图绘《畅春修禊》（图 3-42），此卷沿袭了中国古代文人兰亭修禊的传统范式，为民国耆老名宿在农事试验场内数次上巳节修禊的其中一场雅集。长卷卷首是齐白石题"畅春修禊"的四字篆书，两幅画作分别为：①郭则沄画《畅春修禊》；②由徐燕孙、胡佩衡、溥毅斋、吴光宇、吴镜汀 5 位民国画家集体作的《雅集图》。卷后附有众多民国耆老名宿、政坛要员的诗稿。此卷不单是一次民国士人雅集画作，更可视作对现有北京动物园园史资料的补充，亦是有关民国时期政治时局、交通事业、铁路建设方面的补证。

二、场内菊文化

农事试验场 1906 年筹备建场，至民国时期几易其名（农商部中央农事试验场、国立北平天然博物院、北平农事试验场、北京特别市农事试验场、实业部农事试验场、实业总署农事试验场、实业总署园艺试验场、北平市园艺试验场、北平市农林实验所），然在此期间菊花的栽培应用颇被重视，一直未曾断绝。此期间，西方先进科学技术以及国内外优良品种引入对当时的菊科植物栽培应用起到了积极作用。

菊花是中国十大名花之一，在中国已有3000多年的栽培历史。由于菊在中国文化中深受人们喜爱，被赋予吉祥、长寿、清净、高洁等寓意，从而受到极大重视。 建场初期，光绪三十三年（1907年）三月由江苏如皋商务会送来各色菊花2000株。光绪三十三年(1907年)，农事试验场内五大试验地之一，即花卉试验，在对一般花卉试验种植中，特别注意培养菊花等名贵花。此时的花卉栽植，有从国内外寄来的种子栽植；有直接购来盆花栽培。花卉栽植也分为若干小区，每区都有标牌，写明出自哪省或哪国的什么花，游览人一看便知。农事试验场西北建有植物园，光绪三十四年（1908年）《顺天时报》一篇题为《京师博览园游记》中记曰："观稼轩再往西，见有一带矮小玻璃房，便是植物园。进门票价四枚。……第七屋，是八重绉菊等。"当时，场内尚有一处花卉试验地，内有江苏之菊。可见在农事试验场里，菊的种植栽培占一定比重。

民国时期艺菊代表人物之一黄艺锡与曾任中央农事试验场园艺科主任万勉之相交甚厚，均喜欢养花，闲暇之时，经常研讨、切磋园艺之技艺事。黄艺锡对其身居万生园，莳花著书的田园生活甚为羡慕，万勉之著有《花卉园艺学》一书，黄应邀为其书题写序言。黄艺锡后来还出版了我国最早的一部菊花专著《菊鉴》，他曾详细记载1917年农事试验场菊花展览的121个品种。

《农商部中央农事试验场第三期成绩报告》中记载当时栽培有菊科植物：万寿菊、江西菊、百日草、蛇目菊、瓜叶菊、金盏、粉矢车菊、花蒿子、小洋蓟、非洲雏菊、矢车菊、天人菊、大花金鸡草、小叶金鸡草、秋菊、洋白菊、雏菊、洋滨菊、轮峰菊等。1941年《实业总署园艺试验场一览》第四部分"花卉与庭院"记载此时场内花卉其中一二年生草本花卉81种，其中包含菊科：金盏、矢车菊、瓜叶菊、天人菊、矢车天人菊、百日草、万寿菊、花轮菊、金鸡菊、麦秆菊、大波斯菊、翠菊、波斯菊、绒缨菊、红黄草、蛇目菊、藿香蓟、轮峰菊等。多年生草本花卉36种，包括菊科：菊花、春白菊、白花除虫菊、大金鸡菊、雏菊、荷兰菊。温室花卉里包含有茼蒿菊、松叶菊、小松叶菊。在这年的记录中还有大量征集菊花品种的记录。这些菊科植物不仅来自全国各地，也有相当一部分是从国外采集的。在农事试验场建立当年，农工商部就电函各驻外使臣，"请将东西各国所产五谷蚕桑果蔬花草等类选取佳种及鸟兽之羽毛珍异水族之品类新奇者于明岁5月前齐托公司轮船托寄回国交上海道查收转寄到部。"此外还又请外国华侨商会帮忙采集当地优良物产品种。1939年11月，北京特别市农事试验场园艺室各种花卉树木清册记录中就有东洋菊74株。农工商部着力打造此试验场以为各地示范，因此菊科良种繁多，为一时之盛。所试验的很多菊科植物至今有很多仍活跃在北方节日的大街小巷。

1922年《农商部中央农事试验场第四期成绩报告》中记述："菊为花中逸品，高雅怡人，时当秋风飒飒，万木凋零之际而独冒霜吐颖，尤觉醒目提神，故近世栽培颇盛。"本场为扩充起见，将历年所栽培（菊花）详列于后。场内共有菊花90种：一片冰心、盖杨妃、雪照梅、雁渡衡阳、白宝鹤、西施粉、扎凤朝阳、黄牡丹、南朝宫粉、石卧桃源、珍珠落玉盘、江村深月、六朝金粉、玉玲珑、墨兰霜、春风拂面、玉凤朝阳、华堂报喜、老君眉、朱墨双辉、芙蓉人镜、福寿蟠桃、银线重楼、清水莲、白瑶台、金背莲、望月、玉蕊桃花、酾酒浮瓶、赤金如意、酒醉灰瓶、紫龙卧雪、杏花春雨、白鹤翎、雪青荷花、玉池调羹、龙生浮海、无缝天衣、翠镶莲、素海针、渔翁醉、玉堂金马、白牡丹、红霞环、天官紫衣、天人冠、黄金华、黄鹤仙人、王母桃、紫光、晓天霞、雪月花、秋水明月、金钗十二、金翎管、月桂、黄罗伞、颇润桃花、新高山、素富贵、金带凤飘、殿里、夕阳锦、粉黛、珍珠莲、醒狮图、草上霜、南朝粉黛、粉翎管、米金管、黄宝鹤、玉虎珠、紫荷花、鹅翎点翠、泥金报捷、雪青飘带、黄万字、黄金印、金黄、黄鹭含毛、紫凤荷花、杏黄披、碧玉香莲、落红万点、青莲如意、青云龙、玉蕊琼英、花火星、香百梨、胭脂蝴蝶等。

1933 年 6 月至 1934 年 10 月，《国立北平天然博物院工作报告》中提到本年新添菊花 600 余种。1937 年 1 月园艺股新添秋菊 260 株，文人菊 200 株。

农事试验场当时栽培方式有万菊、高放等，改良种菊品类繁多，每年还总要培植几十盆万菊（即今大立菊），异常灿烂可爱。万菊是花头众多，百数以上，同色的多、异色的少，在当时的市面花厂商店很少见，通过嫁接所养的大立菊以十样锦为主，但仍保留三叉九顶的栽培方式。1933 年改进菊花传统栽培方法，培植出大盆菊。农事试验场曾培育出一株黄夔龙菊花，被命名为"菊花王"，上有千朵菊花同时开放。开放的菊花高丈余，上面却只有一朵斗大的菊花。也有一株菊花嫁接几个品种。场内菊花之盛，在京城首屈一指。植物分类学家、地植物学家和林学家，中国植物学科研究的开拓者和奠基人之一刘慎谔曾任北平研究院植物学研究所所长，他写有《说菊》一文，在此记述："此系采用冬牙或根牙，自秋末培养至翌年秋季止。故其生长期长，精力充足。每盆可得三百至六百花朵，此数百之花皆由唯一之总茎分出，而其每一朵花仍可与插签之独花相抗衡。不知者或以为此根此茎必有多年之功夫始能达此结果，然金秋之大盆菊亦不过去年之一根牙而已。总其生长之期限，仅足一年。此种培养之方法，在北平惟万生园有之。近年中央公园亦仿照此法，然规模较小。"菊花盛开加上事业发展顺畅，刘慎谔心情颇为愉快，故写出如此轻松之随笔。尤其是有一盘黄夔龙菊花朵繁盛，上有千朵菊花同时开放。刘慎谔名之为"菊王"。其作此《说菊》之文，落款为："民国二十二年十一月十六日草于北平万生园内菊王前"，可见其赏花欣喜之情。

他还邀请了近代方志学家、文学家、曾任清史馆总纂王树枏（今为"楠"）前来观赏，为之赋诗一首："万朵冲寒欲雪天，肥蟹大酒正开筵。报投瑶玖皆佳士，灿烂衣裳列众仙。矢矯挚空龙一爪（疏者一木一花），联翩照水鹭千拳（密者一本百花）。从来变化翻新样，露养霜滋又有年。"

诗中所记菊花品种之多，盛开之艳，游人之众，绚为空前。刘慎谔与王树枏相交，一因共爱花事，二因传统情结之深。

民国年间，农事试验场已经开始使用春节菊花控花技术。1933年6月至1934年10月，《国立北平天然博物院工作报告》中提到春节时，还将繁殖培育盆栽花卉如瓜叶菊等陈列于温室内，供人参观。

随着农事试验场、北海、颐和园等一批清代皇家禁地陆续开放，菊展成为当地人赏花乐事。在光绪三十四年（1908年）九月总办诚裕如新购菊花万盆，种类颇多，颜色各异，可谓菊花大观。九月二十六日下午两点，光绪、慈禧及宫眷自颐和园回宫时，至农事试验场赏菊。为迎接慈禧等人到来，农事试验场于九月十八日即开始准备，到内务府借用棕毡500米，以铺垫于各座木桥上，以及慈禧等人御舟登陆的码头和在场内的必经之路上。慈禧爱菊，《顺天时报》曾记述农事试验场西南部鬯春堂："……壁上悬挂御笔画十二幅，是慈禧太后的亲笔梅花、菊花，生意盎然，或是老干纵横，或是花朵盛开，极尽画工的神妙。……"1917年间描写鬯春堂周边环境的文字记载："至鬯春堂，门前曲径通幽，石山假设。……阶下花木随渐就凋零，而翠竹苍松，夹玻窗相掩映，固幽闲若隐士居，兼之菊蕊香浮，清入肺腑，堂中榻几，均修洁可爱，俯仰徘徊乐何如之。"

除了皇家赏菊外，清代宣统年间农事试验场就已开始举办菊花展览，是目前我们所知最早举办菊展并对游人开放的公园。从清朝末年至1945年以前，农事试验场内菊花种类甚多，并且每年秋天均有菊花展览会对外开放。《京华百二竹枝词》中有一首诗这样写道："农事宏开试验场，改良种菊出寻常。结棚一听游人览，购取归家亦不妨。"每到开花时，搭摆菊棚，中立花台三座，浓淡疏密，布置得法，任人游览，观者如云。此外另备菊花数十盆，廉价出售，购者争先恐后，雅称韵事。《北京花事特刊》这样评价农事试验场的菊花："秋末之菊花尤负盛名，诚为城西清游之胜地也。"黄艺锡曾详细记载1917年农事试验场菊花展览的121个品种，其中黄色的有黄鹤翎、玉堂金马、黄牡丹、金螺丝、黄毛菊等13种，白色的有六朝金粉、香梨白、白露寒霜、一捧雪等18种，紫色的有天宫紫衣、紫龙卧雪、墨牡丹、紫光、朱砂蝴蝶等27种，红色、间色有王母桃、火炼金、金边大红、粉桩楼、朱墨双辉等16种，粉红色有粉翎管、清水莲、银红针、盖杨妃等12种，其他杂色黄色的有赤金蟹爪（又名报君知）、金钗十二、古铜莲、绿牡丹、灰鹤翅等36种，还有日本来的白选等品种。据《民社北平指南》记载："九月初九日为重阳节，是月也，菊花盛开，巨室每陈花作山形，或缀成吉祥字，招邀戚友，把酒赏菊。中等之家，则栽花于盆，阶下案头，以时欣赏。近则中山、北海各公园及西郊之万生园类皆举行赛菊大会亦盛世也。"

1916年，农事试验场培育出独干多花大菊及除虫菊，并将栽培方法进行推广，对除虫菊的调制及用法也向乡农介绍，致使求购者逐渐增多。经过农事试验场刊发《劝农浅说》广为传布，农民试种场内种子后的成果，得知农事试验场种苗确为优良，故备价*购买。除虫菊除作为蚊香的原料外，对水体子孓治理有帮助，对人、畜等温血动物绝对安全，被称为三大植物性农药之一，至今仍在使用。

北平特别市政府1928年11月29日第1203讯令中将菊花定为北

---

* 备价，指准备货款。

平市市花。

北平研究院植物研究所曾经设在农事试验场来远楼，曾经任代理所长林镕曾在这里对所藏菊科标本进行整理鉴定，写出《北平研究院所藏之菊科植物》，其中记载所藏菊科标本 77 属、403 种、百余变种，其中新种 13 个、新变种 12 个。后来，他成为我国菊科植物分类的专家，《中国植物志·菊科》其中就有三卷出自他手。他整理有关文献资料其中就有 32 册菊科植物，由于当时条件有限，绝大部分都是他手抄完成。这一卷卷付出他毕生心血汇录整理的文献，是一部中国菊科分类文献大全。

农事试验场菊花栽培应用虽因政治、经济、社会原因而受到影响，但栽培总体水平有所提高。菊科植物在栽培育种方面开始有目的地研究应用现代栽培技术，在菊花品种保存和应用推广上做了示范，为 1949 年后北京菊花栽培和应用发挥了一定作用。

第四章
北京动物园建筑场馆

BEIJING DONGWUYUAN
YUANLIN WENHUA YU LISHI JIANZHU

第一节 🌐

20世纪40—50年代兴建的动物场馆

至中华人民共和国成立前夕，动物园仅剩寥寥无几的动物。1949年9月1日，更名为"西郊公园"，公园里占地1.5公顷的动物园内仅有50余间兽舍、3座兽亭和1座猴山，且已残破不堪。

1952年后，园内开始大规模建设，其中动物馆舍是重要一项，动物兽舍的占地逐渐向园内的东北部、中部和西部延伸，动物馆舍的质量也逐渐提高，向现代化方向发展。

随着中国在国际上地位不断提升，许多国家的元首、总统向中国领导人赠送礼品动物，同时公园展开与国际动物园之间的动物交流，园内动物馆舍不断建设。1955年4月1日，正式命名为"北京动物园"。

50年代中后期，是动物园发展的高峰，除新建大型动物馆舍熊猫馆、犀牛馆、河马馆、长颈鹿馆等外，展出动物的种类和数量也迅速增加。

一、猴山

猴山建于1942年，位于公园的东部。它是园内现存最早、也是唯一一座兴建于中华人民共和国成立前的馆舍。初建时，猴山中间为山石堆积的假山，外围椭圆形的围墙，围墙高3.1米，主峰最高可达12米。在北侧的围墙处，有一空间，可供猴群在恶劣天气遮风避雨。因不时会发生顽皮、健壮的成年猴子借山石之力跃出猴山的事件，1986年和1993年，公园两次对猴山进行维修和改造，加固山石。此外，沿墙壁设置低压电网，并根据猴子对色彩的不同反应，在电网处涂上红、白两种颜色，以引起猴子的警觉（图4-1）。

1949年后，北京动物园也修建过一座猴楼。1953年9月，在狮虎山西南侧建成猴楼，高8.5米，木结构，四面有铁丝网（图4-2、图4-3）。楼分上下两层，前后有玻璃，楼内有参观厅，呈阶梯状便于游人游览。1970年，因木结构糟朽而被拆除。

图4-1 1942年建成的猴山

图4-2 1953年建成的猴楼外景　　　　　图4-3 1953年建成的猴楼运动场

二、黑、白熊山

黑、白熊山(图4-4)位于猴山的北部,旧址原为稻田。1952年动工,1953年7月建成。占地面积约5000米²,分为黑、白熊山两部分。黑、白熊山各配有活动场。活动场内有珊瑚石堆砌的假山和水池(图4-5)。黑、白熊山活动场内的假山高度约7米,活动场外围有砖砌围墙(图4-6),墙身自沟底到墙顶高5米。游人参观处,高于动物活动部分3米。熊山高于公园地平面,人们参观时必须拾阶而上,且要俯视观赏。这种参观方式在早期动物园中较为常见,客观反映出人本位的思想。

人们在两处展示活动场间的参观步道上,可随意观赏东西两侧山内的动物。黑熊山在东面,其内不仅展示黑熊,也展示棕熊、马来熊;白熊山在西面,只展示北极熊,人们通常称其"白熊"。

图4-4 1953年建成的熊山

图4-5 1953年建成的熊山水池

图4-6 1953年建成的熊山隔离水沟

三、象房

　　中华人民共和国成立以后，印度、越南、斯里兰卡、印度尼西亚、巴基斯坦等亚洲国家赠送了 11 只亚洲象作为国礼饲养在北京动物园，是北京动物园接收最多的礼品动物。北京动物园象馆成为这些国礼大象的新家，在这里传送友谊、繁衍生息。

　　1952 年 7 月，经研究决定为印度赠送北京动物园的 2 只仔象修建象房。

　　象房（图 4-7）是在棉田地的基础上建造的，位于动物园北部。外观为矩形，建筑为砖木结构。内有一个大展厅，由展舍和参观廊组成。展览厅参观廊长 37 米，宽 4 米。室内展览的亚洲象与游人之间仅以宽 2.5 米的隔离带隔开。隔离物为一道高 1 米的扶手栏杆和一道高 2 米的围栏。参观者与动物在同一平面上。室外活动场的混凝土立柱和实心圆钢为栏杆，初为两个活动场，后隔成大小不等的 6 个活动场地。北侧一处活动场（图 4-8）内有一个呈坡形、深 2 米的水池（图 4-9）。

图 4-7　1953 年建成的象房

图 4-8　1953 年建成的象房运动场一角

图 4-9　1953 年建成的象房运动场水池一角

初建时，馆内没有暖气设备，每逢冬季，大象需到南方过冬。

1955 年，象房加以扩建。室外分为 3 个活动场。

1972 年，将象房北部扩建，活动场隔离栏杆部分由横改竖。

1973 年，在象房的北侧，用铁栅栏围出一道操作廊，并留下一处安全出口。

四、水禽湖

1953 年，北京动物园在原有荷塘上改建成水禽湖。湖内有三处岛屿，其中最大的岛屿上建有鸣禽室。湖岸和岛的坡岸处种植树木，并放置一些天然石块，不仅点缀湖景，同时也给水禽创造了产卵和栖息的天然条件。湖岸外围边界处用短竹篱围起（图 4-10、图 4-11）。

1953 年，在水禽湖的瀛春岛上建立鸣禽室，又称鸣禽馆。此处原为农事试验场时的东洋房。鸣禽室为南、北两排兽舍。南边一排内有九间兽舍，北边一排内有 12 间兽舍。鸣禽室内有参观廊，外有铁网活动场。冬季游人可在室内参观，其他季节均在室外。两排兽舍之间，有铁网状鸟类大罩棚，内有水槽及栖息架。

紧邻鸣禽室岛屿的另外两个小岛，均有石桥连接。东边的岛上，

图 4-10　1953 年建成的水禽湖全景

有一组环形的房子，为鸣禽过冬房。兽舍外有连接水面的活动场，用铁网分置为9处。

西边的岛上多为涉禽、游禽混栖处，岛上有1968年修建的八角亭笼舍。其他3个岛屿则在湖的南侧和东侧，岛上有树木及低矮的装饰性小屋及山石等，搁置饲料。

1990年，湖边围高0.2米的铁栏杆，游人可在此喂食游禽及近距离观赏。

为治理水禽湖水质富营养化状况、保证珍稀水禽的健康繁殖，2001年，在湖中加设增氧机，使湖水产生流动，加大水中氧密度，提高增氧效果，投放光合菌等微生物水质净化剂处理污水，使水体景观效果得以提升。

2003年，北京动物园水禽湖南岸环境改造，铺设甬路及参观平台，并设置无障碍坡道，使游人与动物的距离拉近，能够更细致地观赏到水禽的活动，也为摄影爱好者提供了观鸟摄影的绝佳地点。

水禽湖西岛营造大型瀑布叠水景观（图4-12），种植常绿灌木、落叶灌木，成为水禽喜爱的栖息场所，使该景区景观成为全园的新亮点。同时因瀑布叠水的作用，水禽湖的水体能保持流动，满足了水禽

图4-11 20世纪50年代水禽湖

图4-12 水禽湖瀑布

的生态需要。

2005 年，为更大限度地满足游人近距离观看动物的需要，北京动物园对水禽湖东岸游人参观平台进行了改造。鉴于东侧湖岸地形的特点，在原贴近岸边处向湖中悬空挑出 1.5 米，与原参观道结合形成宽3 米的游人参观平台。

随着人们审美品位的提高，以及对园林景观品质要求的进一步提升，北京动物园完成了水禽湖湖中岛植物的种植工作。芦苇、水葱、千屈菜、睡莲、香蒲、菖蒲、荇菜等水生植物丰富了驳岸景观层次和色彩。如今的水禽湖（图 4-13）已成为水禽的乐园和摄影爱好者的网红打卡地。

图 4-13　水禽湖湖景

五、鹿苑

鹿苑（图 4-14）建成于 1953 年 9 月，又称草原动物苑，分东、西两部，内有河道、树木、兽舍，四周为铁丝网。鹿苑以露天活动场为主，活动场外围用钢筋砼柱及铁丝网构成。在场外围边缘处铺一层卵石，以免雨后淤泥腐蚀鹿蹄。鹿圈内有鹿室和鹿舍各1处，另有兽舍3处。1984年前，占地面积由2万余米^{2}扩大到7万余米^2。1984年新鹿苑建成。

图4-14 1953年建成的鹿苑

图4-15 1957年建成的犀牛馆

六、犀牛馆

1955年3月，建筑事务管理局同意了在西郊公园内建犀牛馆的初步设计，准备接待尼泊尔国王赠送的印度犀。

1957年6月，动工兴建犀牛馆。馆的正面为矩形，东西各有1间耳房，朝南有2个拱形窗。馆门朝南，为3座拱形门，南面为参观厅，沿参观厅的东、北、西3面均为兽舍，兽舍外有2个活动场。兽舍内有暖墙，冬季在室内展出（图4-15）。

60年代，将室外活动场改为4个。

1973年，因犀牛增加将2间耳房改作兽舍，室外活动场改为6个。

七、狮虎山

狮虎山位于园的中部，1956 年建成。建筑外围系山形，最高峰为 14.2 米。山体用 22 根钢筋砼柱支撑，在建筑外围与外墙垂直建起各种不同形式的砖垛，外抹水泥浆。兽舍建筑用山的造型装饰，在当时为首创。整个建筑包括参观大厅、展览兽舍、隔离室、饲料室、值班室、锅炉房、活动场等。其入口处以山洞口的形式遮隐。冬季可以减少冷空气直接进入兽舍，易于保持室内温度。设有室外活动场 6 个，各活动场间有假山墙隔离。动物出入活动场处，亦以山洞口隐蔽，并避开西北方向，避免西北风直吹入室。活动场一半为动物运动场地，一半为壕沟，以防止动物跃出。游人沿壕沟外步道呈俯视状参观，步道安全护墙上檐距沟底落差 6 米。展舍建成后并没有标注名字。直到 1971 年，才在其南面的山体上铸"狮虎山"三字，每个字均为 1.5 米高，为红色。如今的狮虎山，已成为北京动物园的地标性建筑，给无数北京人留下了难忘的童年记忆（图 4-16）。

图 4-16 1956 年建成的狮虎山

2009 年，在狮虎山的北侧竖起一座老虎铜雕（图 4-17），由雕塑艺术大师袁熙坤先生历时 2 年创作而成，名为"山君"。老虎铜雕长 19.48 米、高 9.18 米、重 30 吨，是北京动物园里第一座大型动物雕塑。2010 年，公园组织 300 名市民在雕塑家袁熙坤大师的带领下，在 150 米长的画卷上共同画虎，开展"百人画虎喜迎福"创吉尼斯现场绘画活动世界纪录。

2012 年，对狮虎山进行修复，本着"修旧如旧"的原则最大限度保持建筑的原状，拆除原有山体、木质支架，搭建钢制支架，外表用水泥和塑形泥造型，最后喷色。逼真的塑形及风化效果使得修复后的效果与原假山风格一致。

2012 年 4 月底，北京动物园科普走廊展示制作完成。科普走廊包括装饰墙、展柜、骨骼标本复制及展牌说明等。装饰墙采用铝塑板雕刻图案，呈现出虎的主体生境白桦林景观、虎的条纹图案及不同猫科动物身材对比，突出了虎是现存最大的猫科动物。说明牌主要涉及虎的自然史、虎的生存威胁及保护现状、现存亚种介绍及全球分布现状、

图 4-17 2010 年虎雕文化广场"百人画虎喜迎福"
绘画活动

虎山的建筑历史等知识内容。虎山科普走廊的设计完成，为广大游客更多了解虎文化的相关知识、提供互动体验搭建了很好的平台。2014年，修建下沉式参观通道(图4-18)，通道内部增加玻璃展墙(图4-19)，每间运动场内增设水池及栖架，运动场外重新铺装参观路面，砌筑毛石墙挡土，缓解该区域客流拥挤的现象。

随着对动物福利关注度的提升，动物园进行了狮虎山大型食肉动物兽舍功能改造。狮虎山（图4-20）有地上、地下、室内大厅三条可供游客参观的路线，游客可以自行选择不同视角的路线来观察动物。

狮虎山室内设计丰容（图4-21），接近自然环境，选材均是安全结实的纯天然木材，更多地去除了人工痕迹。为尊重动物的生活习性，利用室内的挑高搭建多层栖架，并设有各种设施满足动物跳跃、

图 4-18 2014 年狮虎山参观通道外立面

图 4-19 狮虎山参观通道内部

图 4-20 狮虎山外立面

图 4-21 2018 年改造后的狮虎山兽舍

磨爪、啃咬等习性。此外，生态垫料池为动物提供了更舒适的休息场所，同时可以降解动物粪便，有效隔离污染源，是一套微生物循环系统。除了室内，还有室外活动区，如草地、水池等场所。在炎热的夏季，工作人员会将水池注水供动物嬉戏。

2018 年 7 月，在狮虎山兽舍大厅，建筑师程大鹏携手搜猎人艺术机构第一次举办动物艺术展《对话》（图 4-22），关注动物与人类和谐共存的关系。这次展览为期 2 个月，共有 28 位艺术家参展，展出动物主题作品 70 余件。狮虎山《对话》展览，让游客在动物园看动物，看展览，相聚，交流、沟通、分享彼此的知识和感受，以自然与艺术为源点，激发出更多元领域及层次的内容，将百年动物园变成复合型开放式的城市课堂和独特的公共空间。

图 4-22 2018 年狮虎山兽舍大厅举办动物艺术展

八、熊猫馆

1955 年，野外动物搜集站搜集到 3 只大熊猫。因没有专馆，暂居于小动物园内一处兽舍。1956年6月北京动物园动工兴建熊猫馆（图4-23），设计时选址于大门西侧土山，依连绵的山丘而建；同年建成。

整个馆（图4-24）分为3个展览区。中间1个大展室，东面3个小展室，西面2个小展室。各展览室之间的参观廊连通。大展室的北侧用铁栅栏隔出操作廊，3处展室外都各有1个活动场。活动场内设置有假山石、树木，后又增加活动架供大熊猫玩耍。活动场外围隔离沟、围墙，各活动场由上下起伏的山坡相连通，形成参观道。

图4-23 1956年建成的熊猫馆正门

图4-24 1956年建成的熊猫馆外景

九、河马馆

河马馆位于猛禽栏的西部，鸣禽馆的北部。部分建于已填实的旧河道上。河马馆（图4-25）建成于1957年，同年12月5日开放，展出一对河马。正面为方形，西面、南面各有一个拱门。馆内有参观厅、隔离间、管理房、锅炉房。馆中央有一个矩形展池。池外三面为游人参观栏杆，另一面通过隔离间可到室外活动场。室内活动场在水池的

图 4-25 1957 年建成的河马馆

北部，即靠近隔离间部分。这个活动场考虑两只河马或带一只小河马活动之用，因河马常沉浮于水中，在活动场时间较少，所以活动场面积较小。活动场装有铁栅栏门，至水池部分有缓坡。馆北面通室外活动场及室外水池。

活动场一方有坡道通入室外水池。外围用砼立柱铁栅栏隔离。在池中的西侧有一个小岛，可通到活动场及水池。岛上有树木，外围用虎皮石砌。

1971 年，扩大室外活动场，将室外水池隔为 2 个。

1977 年，馆的设计套用当时莫斯科的模式，不适合北京地区情况。整个馆封闭过严，保温虽好，但因日照及通风换气功能差，动物一年中有 7~8 个月不能直接晒太阳。馆内池水要加温到 18~20℃，室温高，湿度大，池水再有粪便污染蒸发，造成室内臭味难闻。80 年代初，将天窗改成开启式，略有改善。水池只在入水口处有坡道，其他三面池壁高而直立，动物在靠近池壁的地方，游人看不到。室内活动场面积狭小，不利于扩大种群。缺少过滤设备，排水不合理，使水质受到影响。

十、长颈鹿馆

长颈鹿馆（图 4-26）建成于 1957 年。设计时考虑到长颈鹿高可达 5.5 米以上，兽舍和展厅净高为 7 米，门高 6 米，并分为上下两层。管理人员通行时只开下层，动物通行时上下齐开。室内展厅可从 3 面观看动物。东、西、北 3 面均有门供游人出入。馆南侧通室外活动场。活动场有 2 个，外围有 3 米高的铁网，主要作用是将动物与游人隔开。由于长颈鹿的颈部占身长的 1/3，后将围栏加高到 4 米，防止动物头颈外伸。食槽及饮水槽利用吊挂的方式，使其悬空，便于动物吃料、饮水，避免岔开前肢、低头吃食的困难。

1965 年，将北门封闭，在东、西两侧门外加避风阁。

1983 年，在室外活动场增加了遮雨棚和喂料操作廊。

1990 年，在馆的西侧扩建兽舍。建筑结构为混合结构。

2003 年，北京动物园进行长颈鹿馆运动场改造，将运动场围网拆

图 4-26　1957 年建成的长颈鹿馆

除，用微地形提高场内标高，除靠近兽舍处保留几个小串笼外，中间的动物投喂区和饲料运输通道，将运动场分为东、西2个并向南扩展。将运动场东、西、南3面原5米高的隔离网改为通透式隔离沟，隔离沟深约1米，将动物与游人隔开。靠游人一侧安装仿树干水泥桩，留有约1米宽的植物种植带，既绿化周围环境又起到保护参观者安全的作用；靠运动场一侧则拉起缓坡，可种植物、草坪，使整个运动场处于绿色环绕之中。馆外墙用彩色涂料粉刷装饰，与周围环境浑然一体。

在长颈鹿馆运动场（图4-27）隔离带内种植小叶黄杨、红叶小檗色带。利用丝兰、鸢尾使游客与动物进行软性隔离。种植各色矮牵牛与小叶黄杨和红叶小檗组成花带，相映成趣。

60年代初期，受自然灾害影响，园内建设没有太大变化。60年代后期，动物园事业没有发展，反有所萎缩。动物展出的种类和数量骤减。

图 4-27 2003年改造后的长颈鹿馆

第二节
20世纪70—80年代兴建的动物场馆

20世纪70年代初期，随着中国外交事业的广泛开展，中国陆续与加拿大、美国等数十个国家建交。党的十一届三中全会召开后，改革开放、科技事业的振兴，为动物园事业的发展带来无限生机。70—80年代，北京动物园兴建两栖爬行动物馆、夜行动物馆、火烈鸟馆、儿童动物园等场馆，风格独特，受到了国内外游客的欢迎。其中，两栖爬行动物馆在全国民用建筑评比中一举夺冠。

一、猩猩馆

1974年建成的猩猩馆，饲养猩猩、黑猩猩各1对。1979年交换来2对大猩猩幼兽，也在馆内展出。

1987年经批准兴建大猩猩馆，1989年8月全部竣工。新馆（图4-28）建筑面积比旧馆增加了1倍；室外活动场比旧馆增加近2倍。展室内建有适于猩猩日常生活的山石栖架，背景绘有野外生活环境的壁画，展窗玻璃为加厚复合玻璃。内有展室4个，展室高8.75米。4个展室分别在馆的东、西、北侧，展室外为参观厅。馆的南边有4个外活动场，活动场内有山石、水池、运动设施。边缘为深5米、宽5米的壕沟，壕沟外围是游人护栏。

动物展舍与室外活动场之间为地下通道。通道两边为台阶，用铁栏杆分隔为两部分，一部分为动物通道；一部分为饲养员行走通道，便于观察动物。展舍的门为手摇机械门，人兽不直接接触，以保证饲养人员的安全。

2013年5月，北京动物园对大猩猩馆进行改造。将馆内7间兽舍的顶棚每间开凿一个洞口，安装保温玻璃，增加兽舍内采光。铲除原墙漆面，重新进行模拟黑猩猩栖息地生态环境——以热带雨林为主的彩绘处理。同时，场内增设黑猩猩玩耍的仿木栖架（图4-29）。

图 4-28　1988 年建成的猩猩馆

图 4-29　猩猩馆运动场

二、猿猴馆

　　猿猴馆（图 4-30）旧称为猕猴馆，位于公园西部，1974 年建成。馆由参观厅、兽舍及室外活动场组成。1994 年更名为"猿猴馆"。2005 年，在猿猴馆活动场架设树枝、水龙带、麻袋、竹筒等，供动物攀爬玩耍。

图 4-30　2005 年改建的猿猴馆

三、两栖爬行馆

　　1975 年设计建造两栖爬行馆（图 4-31），1979 年 8 月竣工开放。馆舍地上两层，地下一层。其中包括展览及饲养操作场地、游人参观活动场地、设备及管理服务场地。

　　由于两栖爬行动物种类多，大都产自热带、亚热带地区，不适应北京的环境，须有较完善的设备来满足其生活习性。其次动物体型大小不一，少数种类需大展室，多数为橱窗式展室。馆内设有大小不同的展窗 90 个，展窗安排采用大型与小型相结合的方法。最大的鳄鱼展厅（图 4-32）位于门厅内左侧。从门厅过月亮门是一个弧形展厅，分布着大小不一的展窗。弧形展厅的末端又有一方厅。弧形厅及方厅均有一门，为节假日疏散游客之用。门厅右侧是两层楼的蟒蛇展厅。中央为 1 个长 12 米，宽 6.4 米，高跨两层达 11 米用玻璃围合的蟒展厅。展厅中间有用混凝土做成的树，供蟒蛇攀绕。

　　为确保参观者、饲养员和动物自身的安全，场馆建设考虑要有足够的饲养操作空间和容纳后备资源与饲料供应基地。为了便于游人停留参观，参观厅、廊较宽敞，并设有一定面积的休息和服务场所。

　　西侧楼梯下有一个科普宣传栏。

　　楼外西侧有 3 处动物活动场，活动场由小溪与水池连通，桥岛衔接。鳄鱼厅外的活动场墙壁上，雕刻有 1 个与原物比例相等的鳄鱼；池内有青蛙雕刻，相映成趣。东侧也有 1 个小活动场。鳄鱼展厅和蟒展厅内设喷雾设备，以调节温度、湿度；海龟盐水池设循环系统，以利净化水质。

　　馆的造型与庭园建设打破以往成方成矩的框框，为高低错落、庄

图 4-31　1979 年建成的两栖爬行动物馆

图 4-32　游人参观两栖爬行馆室内

重活泼的综合建筑体。馆东侧临湖建榭，用回廊与主体连接，中间又以悬梯断错。1981年，两栖爬行动物馆在全国民用建筑评比中夺冠。

2007年，两栖爬行动物馆展窗改造，在保持建筑整体结构不变的基础上，在展箱形式的变化上做足文章。改造时或合并零碎小展箱，使箱体尺度轩阔，更利于造景；或降低箱体下沿高度，为游客创造最佳景观视野。改建一层北厅龟类展箱，拆除原龟类较大型展箱，改建成50余间小型展箱，其中部分区域为上下二层。在满足动物需要的前提下，丰富了展示的种类，更加合理地利用了空间。展箱采用铝合金箱框，双层钢化透明中空玻璃。为保证箱体内充足的氧气并方便操作，增加换气孔和翻转式操作门。展箱内分别堆砌小型假山，建造小型水池，设置种植槽，种植适宜生长的植物和仿真植物，更加突出展示效果。展箱内安装植物灯和水体过滤系统，可促进植物生长并确保水体洁净。

2008年3月，以蛇类进化等主题进行分类布置，拆除原展窗，根据饲养展览需求，重新布置展位，将无毒蛇分上下二层展示，有毒蛇集中在单层展示，并调整部分蜥蜴、蛙类展区。对展箱内部做丰容处理，并完善饲养后台的操作设施。

2011年，北京动物园将爬行馆一层养鳄鱼的兽舍清空，改为陆龟兽舍。调整兽舍内的植物和山石造景，同时对暖气加以改造，增设风机盘管空调，并自制电加热灯箱，营造陆龟适宜的生活环境。扩大原兽舍展窗玻璃，更换成夹胶玻璃展窗，便于游客参观。

2012年5月，北京动物园为塞舌尔赠送给中国人民的亚达拉伯象龟营造新家园（图4-33）。主体建筑均高5.6米，建筑外墙采用双层中空玻璃保温和采光，室内参观道为木栈桥形式，设有动物室内运动场。在主参观面的兽舍内修建一道绿化景墙，营造热带景观效果。室外运动场是原水池改造而成的，以便更好地满足象龟的生活习性。游客通过下沉式的步道参观和休息。

图 4-33 2012 年建成的象龟展区

2017 年，欧洲动物园与水族馆协会（EAZA）及布拉格动物园与北京动物园实现互访与技术交流，进一步深入探讨双方科研保护项目，首次开启国际间大鲵就地保护项目合作。这一举措搭建了欧洲动物园和水族馆协会与中国动物园协会的交流平台及沟通桥梁，最大限度地推动了国际间交流与合作。为北京动物园动物保护事业国际化开启了新的篇章。

在这一年，两栖爬行动物馆对我国本土珍稀物种大鲵展出场所进行了改造（图 4-34）。展缸设计施工在综合考虑景观效果、动植物习性、饲养管理需求、科普要求、人体工程学、施工条件、工期等多方面因素基础上，针对急需解决的问题，以"人与自然和谐互动"为主线，将展缸分为两个部分进行造景。工程包括"溪流、渊"两个主题，模拟中国大鲵在我国南部栖息的天然山涧溪流及瀑布水潭生活环境。大鲵展缸设计了水系统、电气系统及环境系统三大分系统。其中，电气系统包括照明系统和通水系统，通水系统又分为冷水系统、过滤系统、水体流动系统及风系统。环境系统则分为降雨系统、背景板系统、原生伴生植物、生境模拟沙石布放。大鲵生态展缸各个分系统均采用生态科技当前最先进的技术。在设计中综合考虑了动物生境、植物所需光照、土壤、水分以及展示效果和后期植物生长情况，选取湖南海拔700~1200米生长缓慢、耐阴性较强的植物种类，并采取植物补光灯进行补光，防止玻璃雾化使用通风系统，将自然美景微缩到一个生态展缸中。山石采用真实的湖南石材翻模，翻模的山石解决好配重问题，防止其漂浮无法固定，进行分体组装而成，并且尽可能保持原貌效果。如此大体量的山石造景技术目前在国内尚属首例。

图 4-34 2017 年改造后的两栖爬行馆大鲵展箱

四、非洲象馆

非洲象馆建成于 1980 年，位于象房的西北角。有一个室外活动场。2000 年，非洲象房改建为大熊猫研究中心。

五、雉鸡苑

雉鸡苑（图 4-35）建成于 1983 年 11 月。原计划 1974 年建成，

图 4-35 1983 年建成的雉鸡苑

当时因受资金限制，工期延误。该苑位于大熊猫馆东侧，是占用新中国成立初期小动物园部分空间改建的。

雉鸡苑的建筑风格与以往不同，为开放式兽舍群，分为东、西院两组建筑，东院一组由兽舍和曲廊组成，与西院一组相连。整个兽舍群由橱窗式展舍与带活动场的兽舍组成。东院有一组橱窗式展舍，在院的南内侧；另有带室外活动场的兽舍，兽舍内有操作廊。西院有两组橱窗式展舍，东边一组 7 间，西边一组 6 间，另有 16 间带室外活动场的兽舍。1984 年 1 月对外开放时，展出青鸾、大凤冠雉、棕尾火背鹇、绿尾火背鹇、秃顶珠鸡等珍稀动物。在北京动物园饲养展出半个世纪的神鹰，即生活在这里。

2000 年，雉鸡苑的东院部分被改建为育幼室。

2008 年，雉鸡苑的西部与大熊猫馆相连，形成中国珍稀动物展示区。在观看大熊猫的同时，可以看到朱鹮、金丝猴、红腹锦鸡等中国特有的珍稀动物。

六、儿童动物园

最初的儿童动物园，位于两栖爬行动物馆南侧，于1984年6月1日对外开放。园内有造型各异、色彩艳丽的小型动物展舍，展出有骆驼、绵羊、山羊、大耳羊、家兔、犬、猫、豚鼠、猕猴、观赏鸟等。儿童动物园给孩子们提供了亲手饲喂动物、近距离触摸动物、培养爱心的场所。1988年重新翻修，增设小马可供儿童骑乘。1994年8月因故拆除。

1996年，在长颈鹿馆西侧重建，除仍保留小型动物饲喂区外，还添置了部分小型游艺设施（图4-36）。

2009年5月，改造后的儿童乐园向游客开放。改造工程将原儿童乐园内的所有设施拆除，改建新儿童乐园景区，面积扩大为约2万米²。景区共分为小马区、饲喂区、农家区、鸟园区、童年回忆区、游乐区、牧场区、名犬区、名猫区、拓展区、遛犬区。新的儿童动物园大门以儿童喜爱的长颈鹿为造型新建卡通大门（图4-37），长颈鹿高7米，仿长颈鹿毛色的文化石满贴装饰，增加2米高围墙，底部砖墙模仿西班牙建筑大师高迪作品，展示现代瓷砖艺术创意，搭配敲碎的二手瓷砖拼成的花色图样，上部安装铁艺栏杆。大胆丰富的色彩化平凡为神

图4-36 1996年建成的儿童动物园　　图4-37 2009年改造后的儿童动物园

奇，受到儿童们的喜爱。拆除原来简陋的铁皮简易票房，新建票房检票口设计成独特的卡通造型，增加了儿童参与的兴趣。公园将原小动物兽舍进行改造，重新进行展位布置。迁建一座外形为六边形的鸟罩棚。鸟罩棚采取游人进入参观的形式，入口设计为圆形的鸟笼，用铁索做隔离幕帘。为便于游客棚内观看动物，按旅游路线加装宽的木栈道约 60 米，适宜处修建 3 个饲喂台。棚内种植沙地柏等常绿植物，整体给人以自然、亲切的感觉。利用原儿童动物园管理间改造成一户农舍，正房为砖木结构，屋面挂滴水瓦。屋内按农家习俗搭建了土炕、柴灶，门、窗及家具摆设都仿农舍形式重新装饰。屋外安设示意形式的压水机和猪圈，栽种茄子、辣椒、番茄等蔬菜，使远离农村、身居都市的孩子们能够了解农村的生活环境，有便利的机会见证这些农作物的成长过程，珍惜粮食的得之不易。房子东侧新建门楼，墙体采用水泥抹灰，屋脊采用古建灰瓦。周边用竹篱围成独立的农家院落。

　　2014 年 9 月，北京动物园更新并增设东侧的遛犬区和拓展区，区域内的小型游乐设施增加儿童拓展沙池、大象音乐墙、组合攀岩等，丰富了儿童的体验感，为儿童提供了更多的锻炼机会。

图 4-38 2015 年建成的儿童动物园卫生间

2015年，儿童动物园内专门建造了儿童卫生间（图4-38），墙面为亚格力板材，风格采用卡通动物造型，男、女卫生间分别用蓝色、黄色装饰，中间设有无障碍卫生间。该小型卫生间的建成解决了儿童动物园内的小朋友如厕不方便的问题。

儿童动物园西侧的马圈、农家院、鸟棚及兽舍在这一年也进行了改造，配合周边环境新建小动物兽舍。

七、鹿苑

鹿苑（图4-39）建成于1984年8月，位于北京动物园的西北侧，占地面积1.5万米^2。鹿苑内分甲、乙、丙、丁、戊5个展区，根据不同动物的生活习性及所需要的地理环境建造。鹿苑的中心区建有1个二层楼的工作间，在楼上可以观察到整个鹿苑内动物的情况。其他4个区有的连成小院，有的是松散型，都有工作间。兽舍多为棚子式，为动物躲避雨雪用。少数动物如扭角羚、麝牛有兽舍。活动场外为0.8～1米的水泥墙，上围铁栏杆。6种36只鹿科动物从原草原动物苑迁入，

图4-39 1984年建成的鹿苑

其中不乏大型鹿科动物。1988 年 3 月，美国内政部赠送中国人民的 1
对麝牛也放置在此展出。

八、火烈鸟馆

火烈鸟馆建成于 1985 年 9 月，位于水禽湖西侧。活动场紧靠河
边而建，便于游人观看。兽舍在活动场的西边有两大间，另有一个操
作廊。1988 年，在活动场围坡码放自然山石。

为改善动物饲养条件及展示效果，2002 年北京动物园火烈鸟馆在
原址进行翻建。建筑设计上抛弃原使用混凝土、机砖建兽舍的传统观
念，首次采用钢柱、H 形轻型钢梁、钢檩条的全钢结构建材。南、北、
东 3 面采用大面积加胶玻璃围合，钢柱外包银灰色铝塑板。其中，东
侧玻璃可根据不同季节温度特点进行拆装。室内东高西低，屋顶用透
明阳光板封闭，采光效果极佳。火烈鸟馆为开敞式展览形式，兽舍内
地形经过精致处理，除种植乔木、灌木外，还设有小桥、溪水和局部
的玻璃地面，游人与动物之间取消围护设施，进入馆内参观别有情趣。
室外运动场改变了原有点焊网形式围栏，采用竖向细钢丝围护网，既
安全又优化了展示效果，是园内第一处人工营造的原动物生态环境的
湿地景观。馆内种植椰子、水鬼蕉、散尾葵、观赏草等植物。色彩鲜
艳的火烈鸟在郁郁葱葱的植物间嬉戏、繁殖（图 4-40）。

2007 年 9 月，北京动物园对秃鹳运动场进行改造，为非洲秃鹳营
造出适宜生存和繁殖的良好环境。改造过程中拆除原木栈道，将馆内
游客参观厅用编网隔开，建成禽舍。将火烈鸟馆西侧玻璃墙改为玻璃
门，秃鹳可通过此门进入室外运动场。整个运动场采用混凝土现浇独
立基础，钢结构框架，高度 6 米。考虑到参观效果和耐久性，边网及
顶网全部由不锈钢丝编织而成。为给非洲秃鹳创造出接近栖息地的自
然环境，运动场内修造不规则水池并加装水泵使池水得到循环，支搭

图 4-40 1985 年建成、2003 年改造后的火烈鸟馆

仿真枯树以营造接近自然的效果，兽舍墙面绘制模拟非洲风景的壁画以增强景观延伸感。秃鹳兽舍及运动场改造完成后，以其简洁的结构、硬朗的线条和极具特色的时代元素，与紧邻的火烈鸟馆构成鸟禽展区独有的展示空间。

九、夜行动物馆

夜行动物馆位于动物园正门偏东北约 50 米，于 1988 年 9 月竣工。馆内有兽舍 36 间，南、北两侧的兽舍均由操作廊隔为两部分。馆内兽舍均为橱窗式展舍。南、北外侧为带活动场的兽舍，东北角外有一大间橱窗式兽舍。采用灯光调节昼夜，每个展舍上方有灯箱式说明。本馆展示的主要是昼伏夜出的小型杂食性动物。馆内有展舍 22 间，采用人工控制灯光照明。每日早 8 点至下午 5 点用红光照明，用来模拟夜间环境，使夜行性动物夜间的活动情况呈现在广大参观者面前。

第三节 ◉ ○
20世纪90年代兴建的动物场馆

20世纪90年代，新建的大熊猫馆、大猩猩馆、金丝猴馆、犀牛河马馆、象馆、鸟苑、北京海洋馆，不仅设施完备，而且基本达到大型动物馆舍现代化管理的要求，使其更适应野生动物的生态环境。

一、大熊猫馆

1990年，在北京召开第十一届亚运会，亚运会的吉祥物定为大熊猫。1989年经北京市人民政府常务会议讨论决定，同意将大熊猫馆列入亚运会配套工程。北京动物园于1989年8月开工兴建亚运熊猫馆，1990年8月29日正式对外开放。整个建筑（图4-41）运用中国古典

图 4-41 1990年建成的大熊猫馆外景

园林的拓扑原理以及太极图的表达形式构成，主体建筑呈盘绕的竹节形状，有11道半圆形的拱圈沿竹节延伸的方向分布，象征第十一届亚运会。大熊猫馆分两层。大熊猫室外活动场、牛角形绿地以及环行观赏道路与大熊猫馆建筑风格一致，又内外有别，与北京动物园绿树成荫的园林环境融为一体。馆内外均采用垂直绿化的方式，使整个建筑格局更加接近于大熊猫原产地的生态环境。室内装备了空调，红外线电视监测系统，使大熊猫的饲养、展览、管理工作走向现代化、科学化的道路。东南面为馆的入口处，西北面为馆的出口处。室内为三个相对独立的展舍，有串间连通。展舍与活动场之间采用活动串门。"大熊猫馆"四字为书法家范曾所书。1991年2月，经市优质工程领导小组审核，该馆被评为市级优质工程。

2012年3月，北京动物园对亚运熊猫馆南侧的室内展厅开始进行仿秦岭山区环境改建：远处用高大的假毛竹作为背景，近景全部采用秦岭地区的温带植被（图4-42）。更新大熊猫玩耍的栖架，将原有的茶色玻璃改成白色玻璃，利于游人参观拍照。室外运动场围墙距离地面2.5米处加装防护网，有效保护游人的游览安全。另外，对亚运熊猫馆游人参观广场也进行了改造，恢复原有西侧出口，安装熊猫铜雕1座（图4-43）。

图4-42 亚运场馆室内展厅

图4-43 熊猫铜雕

2015 年，北京动物园开展亚运熊猫馆改造。对建筑主体结构进行加固，室内参观大厅内，拆除更新老旧门窗栏杆，更新原有屋顶幕墙，采用异形中空夹胶玻璃，屋面采用仿星空装饰风格，用大小不同的 30 个彩绘星球置于穹顶之内，并安装光导发生器，铺设光导纤维条，形成银河效果，表现出星空之下，漫漫历史长河中，大熊猫历经气候变化、地质变迁、栖息地被蚕食和破坏、人类干扰等各种磨难而发展到今天的历程。屋顶增加采光窗，安置轴流式风机调节室内空气，保障动物及游人的安全。室外运动场更新、加高隔离护栏，周边进行绿化调整，种植箬竹。运动场内设置栖架、观赏冰蒸发器等，以达到夏季室外降温、增加空气湿度、提高观赏效果、提高动物福利等目的。采用玻璃隔断，以便于游人近距离观察动物。

2015 年，北京动物园在大熊猫馆竹林内部安装超滤水处理系统以及造雾机组。喷雾设施的应用，营造出竹林雾状景观，同时对环境可以起到调节作用，也更加有利于新植竹林的养护工作。

2016 年，公园对熊猫馆周边绿地及动物兽舍喷灌系统进行改造。对大熊猫展区以及大熊猫馆周边竹林安装超滤水处理系统以及造雾机组，营造舒适气候，提高动物福利，同时增加了园区动态景观展示效果（图 4-44）。

图 4-44 大熊猫馆喷灌系统

2017 年，为了保障游人安全，北京动物园对大熊猫馆入口进行改造，通过广场铺装、绿化改造，提升大熊猫馆展区景观环境。

2019 年，北京动物园开展熊猫馆外运动场改造，拆除亚运熊猫馆运动场外围线状护栏，安装金属网围墙、安全玻璃围墙及仿竹围墙，有效提升亚运熊猫馆运动场外围防投喂效果，为动物创造良好的栖息及饲养环境，为游客营造和谐舒适的观览氛围。

二、金丝猴馆

金丝猴馆建于园西部灵长动物区内，位于大猩猩馆东侧，是北京动物园继大熊猫馆后，为进一步突出国家一类保护动物兴建的重点兽舍，于 1992 年 6 月竣工（图 4-45）。设计摒弃传统动物馆模式，以新的建筑理念将人、动物及自然环境有机地结合在一起，由网架、片墙、坡道、楼梯、通道等多种建筑形式组成。兽舍隐于假山之中，两个半

图 4-45　1992 年建成的金丝猴馆

圆形网笼相错，构成动物室外活动场。场内山石、栖架供金丝猴活动，既可满足饲养管理的需要，又便于游人观赏。

2015 年 8 月 10 日，金丝猴馆及周边绿化景观改造工程完工。场馆周边景区景观也列入此次改造计划中，将原有球形网架重新打磨喷漆，拆除原点焊网，更换不锈钢编织崩网；东南侧新增加球体 1 座，提高了动物福利，有效增加了活动空间。南侧搭设二层参观廊采用贵州苗家装饰风格，以新的建筑理念将人、动物及自然环境有机地结合在一起。同时，运动场内以自然山水为背景进行丰容，如安装栖架等。玻璃窗的参观方式可有效避免游客投喂食物。周边种植乔灌木、宿根花卉，并在东侧湖岸恢复原继园遗址，展现其历史风貌（图 4-46）。

图 4-46 2015 年改造后的金丝猴馆

三、犀牛河马馆

新建的犀牛河马馆位于长河北动物开发区内，于 1994 年 12 月竣

图 4-47 1994 年建成的犀牛河马馆

工，为单层砖混结构（图 4-47）。整个馆由 13 个高低错落、面积相同的圆筒形兽舍和 1 个参观大厅组成，还设有室外活动场、环形参观道、水池、草库、管理房、污水泵房等附属设施。馆中央的参观大厅可见 13 个动物展舍。天窗为圆形，兽舍墙体为砖墙贴石块结构，与厚皮动物粗犷、野性相匹配。参观通道两旁植遮阳树，门前广场及参观道旁建喷水池、假山、花坛等，并设置靠椅。犀牛展舍外设置平台，游人驻足台上可俯视整个运动场。参观大厅造型模仿犀牛、河马在非洲栖息地的原始窝棚，外墙装饰方形整石。馆内现代化、灵活多样的机械门、宽敞的饲养通道，合理的布局，体现出现代建筑设计与饲养管理经验的有机结合。

　　2001 年 2 月，北京动物园对犀牛河马馆动物兽舍改造，运用仿真艺术手法把自然景观引入室内，分别以热带、亚热带丛林、河流为背景将耐阴植物、仿真树木和山石、壁画巧妙结合，使兽舍内景物、植物分层次连成一体，增强了参观的视觉效果。

图 4-48 2016 年改造后的犀牛运动场丰容景观

　　2016 年，公园对犀牛运动场进行环境丰容改造（图 4-48）。改造后的犀牛展区以"走进非洲"为沉浸式主题，展示犀牛生活的环境元素；参观道采用石材碎拼抽象代表马拉河；"河岸"边有马赛人居住的茅草屋、信仰的图腾柱，游客透过展窗，从林木的缝隙间窥见犀牛家族的日常生活；周边植物选择、艺术配置均突出非洲风光，使游客有置身于其中之感；通过犀牛冲破禁锢的铜雕，传递保护犀牛、保护非洲、保护环境的倡议，游客可以采用俯视、平视相结合的方式进行参观；栽种了血皮槭、矢羽芒、狼尾草、松果菊等观叶、宿根植物，营造出动物、植物与人和谐相处的景观氛围。改扩建后的运动场还增加了伞状的遮阳棚和地泵，隐藏在地面下的地泵可以随时监测犀牛的体重。在犀牛河马馆新建的标志性犀牛雕塑的犀牛角上刻着"没有买卖就没有杀戮"的公益宣传语，目的是将保护动物的公益理念潜移默化地传递给游客。

四、鹳岛

鹳岛（图4-49）位于畅观楼东侧湖内，为椭圆形，沿岛四周用轻钢桁架向湖内悬挑出6米，再用护网将四周和上方围护。活动场以水面为主，网笼高4.6米。工程于1993年9月竣工。

2008年3月鹳岛改造工程开工，岛上的原鹳网笼舍拆除。为改变整个景区的效果，在原地势较为平坦的岛北侧，利用自然山石堆砌成假山（图4-50）。假山北侧设置一处叠水出水口，将湖水提升到假山上，自叠水口顺流而下，形成山间流瀑。改造后，人工堆砌的山体简约、自然，流瀑的潺潺水声，既丰富园趣，又可使游客体验回归自然的浪漫意境。湖水中的荷花衬托着湖心小岛，与远处红墙绿瓦的畅观楼相映衬，成为公园西部又一处美景。

图4-49 1993年建成的鹳岛　　　　图4-50 2008年改造后的鹳岛

五、狼山

1994年，北京动物园将原狼山兽舍搬迁到狮虎山东侧。狼山兽舍

（图 4-51）随自然地形而构，安全且便于参观。兽舍运动场采用钢丝镀塑护网，耐用、美观，增加了参观面积。狼圈 9 个。每个狼舍均建有地下狼窝。

图 4-51　1994 年建成的狼山

六、象馆

1998 年新象馆竣工。新象馆（图 4-52）位于北京动物园长河以北的食草动物区，建筑平面呈坐北朝南倒"凹"字形。该建筑为框架结构，东西两侧设有展厅，东部 6 间兽舍展览非洲象，西部 8 间兽舍展览亚洲象。

象馆东、西两侧均设有 1 个运动场，平面呈"耳朵"状，场内设

图 4-52 1998 年建成的象馆

水深 2 米的水池。参观道环绕运动场外侧，与运动场之间采用深 2 米
的毛石砌筑壕沟分隔。每间象舍内建有暖炕，采用低温地板辐射技术。

象舍通往运动场的大门，用冲压钢板包裹，上部悬吊，地面设有
固定导向轮，并配以电动滑道，既可电动也可手动，推拉轻便。象舍
及参观厅根据不同需要设有斜窗、翻窗及固定窗，参观厅顶棚以钢结
构骨架支撑，棚面采用双孔三层无色透明阳光板保障采光。

象舍及参观厅内安装新风机组，经通风管向室内输送新鲜空气。
装有温水管，供大象冬季沐浴。

2013 年 4 月，北京动物园对象房东、西运动场进行改造，拆除原有水池，改建成一座小型圆形坡底式水池，并加装循环水系，安装淋水喷头。地面参照东运动场的做法建成壕沟式隔离带与游人参观道分隔，既解决安全隐患又能有效防止人为投喂。改造后的西运动场动物活动娱乐空间有所增加。在东运动场搭建 2 座钢结构高 6 米、直径 6.8 米的遮阳伞，防止大象夏季中暑。

2014 年，象馆从软件、硬件两方面着手装修改造。更换防风效果更佳的场馆大门，粉刷馆内墙面，设计、制作大型科普牌示，将原有的墙面变成动物科普知识展示园地，大大提升了象馆内的科普宣传效果。动物园利用原废弃的展厅拐角处制作一组亚洲象生境小品，既有栩栩如生的雄性亚洲象模型，又有枝繁叶茂的仿真丛林树，游客可体验盲人摸象的感觉，又仿佛置身于雨林中。重新规划游览路线，象馆东、西展厅可由北侧室外参观步道连通，使东、西象馆连成一体。

2016 年，象馆节能改造工程竣工。在象房原有建筑内部重新规划设计，对动物园象馆周边的冷热源系统进行局部能源结构调整，大幅减少天然气的消耗，达到环保节能减排的目标。新增地源热泵系统能够单独为整个象馆区域供暖，有效节约了能源，提高了供暖效率。

2017 年，在象房东侧运动场内新建"丁"字形训练墙，用于提高和展示动物训练效果及饲养管理、动物福利水平。大象训练墙高 4 米，墙体中对应大象的耳部、脚部的钢结构可移动调节，以利于更加方便和安全地体检。饲养员会利用大象训练墙对大象进行行为训练，给大象发出口令和手势，让大象自愿完成指定动作并给予食物奖励。这种强化训练，减少了大象的不适、恐慌和应激反应，提高了动物福利，让其在平静自然的状态下接受身体检查，完成抽血，打针，测量体重、体尺，修脚等常规体检。此工程首次采用国际先进理念，建设大象训练墙，动物展示方式水平国内领先，在丰富动物展示方面做出了积极探索。

2019 年，在大象运动场加装了喷淋设施和自动补水系统。改造后的大象馆四个室外运动场均有喷淋设施，同时饮水池保持水量不断。在原有一个浴池（一水）的基础上变成"一泥、一沙、一水"，让大象可以有泥浴、沙浴、水浴等多种体验，提高了动物福利，让其展现出更多的自然行为，同时提升了游客的观赏体验（图 4-53）。

2021 年，在原有动物兽舍面积的基础上，通过重新划分饲养空间，使亚洲象的兽舍从原有的 5 间增加到 8 间。兽舍新增推拉串门、改造重型平开门，便于饲养人员操作。加密亚洲象操作廊钢栏杆 45 米，防止动物对饲养操作通道的干扰。在非洲象兽舍通往室外运动场的外放门加装防撞挡，阻断冲撞隐患。

北京动物园自主研发的兽舍串门、推拉门、加密栏杆的应用，确

图 4-53 2019 年改造后的大象运动场

保了防撞能力足以抵抗动物的冲击。兽舍串门采用安装特制重型吊轮、定位转向轮及定位地轨，三者合一，有效减小推拉过程中的阻力，同时易于饲养员操作，保证入位准确，杜绝脱轨危险，防止动物巨大冲击力下的撞击破坏。

七、貘科动物馆

貘科动物馆位于公园东部（图 4-54），1998 年由旧犀牛馆改建而成。2011 年公园对貘科动物馆进行了绿化改造，室内种植散尾葵、刺葵、巴西美人（金边龙血树）、榕树、霸王棕、龟背竹等品种，室外运动场播撒草籽，改进了观展效果。

图 4-54 1998 年犀牛馆改造建成貘科动物馆

八、鸟苑

1998 年 12 月建成鸟苑（图 4-55）。鸟苑位于北京动物园水禽湖西侧，东靠水禽湖，西邻黑水洋，由鸣禽馆、鹦鹉馆、笼鸟展厅三部分组成，占地面积约 1.8 万米^2。鸣禽馆、鹦鹉馆为砖混结构，笼鸟展厅为框架结构。馆厅上部屋面均为钢筋混凝土双曲薄壳结构。室内采用展窗参观形式，展窗玻璃为厚平板玻璃。笼鸟展厅为多种鸟类混养，游人可沿参观通道观赏。兽舍模仿鸟类生态环境，根据不同鸟类需要，配置高山、丘陵、水潭、小溪、瀑布等地形、地势，种植各种适于鸟类栖息的乔灌木、攀缘植物，以假树、山石、盆景点缀，以壁画描绘热带和亚热带山地、丛林、沟谷等自然景观。室内通过高侧窗采光、通风，室外活动场用黑色点焊喷塑网围合。馆外建参观通道、广场，并有喷泉和水池衬托；在流经馆外围的小河上，架两座造型别致、风格各异的小桥与参观通道相连。

2002 年 6 月，北京动物园完成鸟苑生态厅的改造。鸟苑生态厅内建有仿真山石，修建湖泊、叠水、瀑布及人工降雨、造雾系统，并以

图 4-55　1998 年建成的鸟苑

高大植物为主，边缘植物、仿真植物为辅的真假结合的植物配置手法，将热带自然景观引入兽舍内。在厅内种植劲叶龙舌兰、胡椒木、禾雀花、老人葵、霸王棕、扇叶露兜树（红刺林投）等植物。生态厅内除种植各种植物外，还结合野外生态环境，配合砌筑假山及仿真树，并在大厅顶部垂挂大量仿真藤蔓植物。

九、长臂猿馆

　　长臂猿馆原为果园地，1973年底建成。1972年设计图案时，受当时国家经济形势的影响，建筑面积压缩得很小，馆由参观厅、兽舍、室外活动场三部分构成。参观厅地面由以往平面式改为斜坡式，窗户加百叶。舍内有暖炕、睡穴、运动梯。高大的天窗，嵌着夹层玻璃。操作廊在兽舍与室外活动场之间，动物由兽舍上部的天窗至室外活动场。因兽舍一侧是玻璃，一侧是操作廊，空气对流不好，夏季闷热。室外为弧形面活动场，采用贮水壕沟与游人隔开。活动场内有秋千、攀登架、山石等。室外活动场为三大一小，分别用北高6米，南高4米的斜山墙隔开，防止合笼。

　　1976年，将3个活动场的山墙加高。

　　2003年4月，长臂猿运动场改造完工（图4-56）。拆除原室外运动场围栏和网笼，填平隔离沟，改为安装玻璃围栏，用钢骨架固定，将游人与动物隔开。既方便游客参观，又可挡住游客对动物的投喂。长臂猿馆运动场改造工程完成后，结合动物展出，在室外运动场进行绿化改造。种植桧柏，搭建动物栖架4组，全面增强该馆的动物展示效果。

图 4-56 2003 年改造后的长臂猿运动场

第四节
21世纪初兴建的动物场馆

进入 21 世纪，北京动物园打破原有圈养形式，追随国际新模式，寻求一条"散养与圈养相结合"的饲养之路。在动物饲养展示上，采用国际先进的动物展览展示方式，通过改建原有动物场馆的环境，实现环境丰容，改善动物生活环境，不断提高动物的福利。

一、科普馆

2003 年 7 月 31 日，北京动物园科普馆（图 4-57）正式开馆，可同时容纳 1200 人参观。根据规划，科普馆建于园内游览路线流畅、游人活动方便的中心地带。馆为地上三层、地下一层框架式主体建筑结构，建筑外观用灰、褐两色饰面砖装饰，门窗全部采用铝合金材料，现代感十足又不失庄重。赵朴初先生为其题写馆名。

图 4-57 2003 年建成的科普馆

　　一层展厅（图 4-58）展出的内容分为两部分：一是走进动物园，展现北京动物园近百年的发展史，这部分内容主要以图片的形式展示；二是动物外观与运动，介绍哺乳类、鸟类、爬行类、两栖类和鱼类动物的外观及运动。这里还有国内首次成功研制出的两种幻象科普展示成像仪，利用凹面镜成像技术，达到成像清晰、可视不可触的彩色三维动感空间幻象展示效果。其内容是利用动物园的资源优势，拍摄、

图 4-58 科普馆室内展区

加工、制作的 12 种野生动物的幻象，动态节目时长为 30 分钟。在一层有一机动展厅。馆的东侧有一报告厅，可同时容纳 160 人。报告厅内配备有先进的视听设备，良好的语音对话声学环境，主要用于召开国际学术会议及举办专题讲座。

二层展厅分为东、西厅，主要介绍野生动物的各种栖息生态环境。东厅重点介绍野生动物的捕食、防御及繁殖行为能力；西厅介绍野生动物的节律、迁徙、洄游等，还设有音乐墙，上有形象逼真的动物造型，触摸不同动物的接触点，即可发出该种动物的声音。

三层展厅为生物多样性与环境保护展区，重点介绍生物多样性概念及面临的威胁。

地下展厅主要以昆虫展区为主，展有昆虫活体和标本，还有巢穴、穴居。除昆虫展示外，还兼有热带、亚热带植物的展区，以充分体现大自然的生态环境。每层展厅都设有多处参观者与展品之间的互动展台，并设有供参观者参与动物趣味知识游戏。

2008 年 3 月，北京动物园对科普馆地下昆虫展区、机动展厅、植物展区重新设计改造。改造过程中，总结开馆以来的展示经验，参考游客的建议和要求，以便于按照更符合今后开展保护教育的需求进行设计。拆除原负一层昆虫展区的"土层"布景，改建框架结构，填充小型生态展箱，展示观众喜闻乐见的节肢动物、无脊椎动物和小型脊椎动物。饲养展示北草蜥、巴西龟、安布闭壳龟、非洲光滑爪蟾、东方铃蟾、东方蝾螈等两栖、爬行动物，龙狮、螳螂、金钟、纺织娘、蝈蝈等活体昆虫，同时还展出了多种大型蜘蛛及蝎子。对该层的植物展区改造，形成淡水生态展示区。拆除原机动展厅内的叠水景观，扩大土壤面积，种植常绿乔木。扩充硬质地面面积，形成游客特别是少年儿童参与活动的区域，为今后的动物保护教育活动提供了空间。

2013 年 11 月，完成科普馆三层"观骨溯源——揭示动物进化的奥秘"展区工程改造。"观骨溯源"展览按功能分为四部分：展览区、多媒体教室、互动区和阅览区。游客通过参观动物的头部、四肢、身体内部结构，按由外到内的顺序观察对比现阶段较有代表性的动物，包括鱼类、两栖类、爬行类、鸟类、哺乳类五纲动物骨骼的进化，特别是不同器官之间的比较，如牙齿、四肢、头骨等部位，追溯生物进化起源，了解同源性发展。开放式的结尾留给人们想象空间，展望未来生活的图景、未来生物进化的篇章。展览共展出标本近70件、模型近30件。多媒体教室、互动区、阅览区作为展览展示的扩展平台，为游客提供了一个学习、交流的平台，并为将来开展公众教育科普活动提供了合适的场所。多媒体教室、互动区尝试各种视听互动的形式，运用科技展示手法将概念和形象具体呈现出来。

二、非洲动物混养区

2003年，北京动物园将原斑马圈改造为非洲动物混养区（图4-59）。拆除兽舍及原围栏、围网，在西北角新建装配式轻型保温兽

图4-59 2003年建成的非洲动物混养区

舍 8 间。东侧新建下沉式现浇混凝土兽舍。建筑屋顶设参观平台，使游客可多视角参观动物。场内除几处小隔离圈外不设隔断。北侧拆除原来的部分虎皮围墙，整个运动场外围用 0.8~1.2 米深沟隔离。靠游人参观一侧，自沟底砌毛石墙，安装高护栏。运动场内起微地形使游人参观达到最佳视角。运动场场内保留部分大树，将原荒秃的运动场进行大面积环境整治，种植爬蔓卫矛、丝兰、宿根花卉，播种草本植物，既满足动物遮阳、隐蔽需求，又达到绿化美化的效果。动物可以尽情展现天性，在场地内奔跑嬉戏。

为避免游客投喂现象，2017 年北京动物园启动非洲动物区绿化隔离工程。利用运动场外围壕沟以及现有乔木设立隔离围栏，其间配置小乔木、灌木等植物，在游客与围栏之间形成自然的过渡和有效的绿化隔离，有效地减少了投喂事件的发生。

三、企鹅馆

2004 年 9 月，北京动物园闲置海兽馆改造为企鹅馆（图 4-60）。

图 4-60 2004 年建成的企鹅馆

根据动物生活环境要求，配备供暖、制冷设备以及池水循环净化和海水配制系统，从而满足企鹅饲养展览条件。参观厅地面采用旧九格砖铺装，利用仿生态技术制作成岩石、山洞等自然景观，西侧主参观面用特制瓷砖壁画装饰。

四、水獭展区

在国际友人的捐助下，北京动物园于 2004 年在企鹅馆南侧为水獭设计修建新展区。水獭池（图 4-61）是对原海兽馆室外展池的改造，拆除东面、南面混凝土池壁并改装为 1.5 米高玻璃池壁，游客可直面观察动物水下活动情况。水池池底满铺鹅卵石。水池内堆砌山石，假山呈现叠水效果。搭建钢质拱形小桥，桥边种植有色叶树种，观展效果颇佳。水池东部、南部参观道采用广场砖铺装，东侧铺设花岗岩材质台阶及无障碍坡道。

图 4-61 2004 年建成的水獭展区

五、非洲獴展舍

2005 年 5 月，位于獴馆东侧的非洲獴展舍（图 4-62）建成。非洲獴展舍打破以往兽舍加运动场的固有展览模式，整体采用双层加胶复合玻璃围合，下部用带孔不锈钢装饰板支撑，根据非洲獴的生活习性，在展舍的地下设置混凝土砌块，舍内做仿真洞穴及微地形，为动物提供近似原生态的适宜栖息地。

图 4-62　2005 年建成的非洲獴展舍

六、浣熊、花面狸展示场馆

2006 年 4 月，浣熊、花面狸展示场馆建成。新场馆建设秉承非洲獴展示场的建筑风格，以简洁的设计手笔来凸显动物原生态环境。整体采用双层加胶复合玻璃围合，上接点焊网，下部带孔不锈钢装饰板起到通风作用。根据浣熊、花面狸善于攀爬的特点，为防止动物出笼，顶部用点焊网全部封闭。场内从动物巢穴的设计、地表装饰物的设计到植物配置等方面尽量模拟自然景观，并根据动物的生活习性做出仿真枯树、树墩、洞穴等供其活动，采用盘管形式引入热源，形成地下的局部加热空间，为动物冬季休憩提供御寒场所，场内依地形而铺的草坪和栽种的低矮植物，有效地起到调节环境、延伸景观的作用。

七、热带小猴馆

北京动物园热带小猴馆（图4-63）建于2006年，位于公园西部、两栖爬行动物馆北侧，是在原金鱼展廊的基础上改造而成的。为增强展览效果，展场内做丰容改造，绘制壁画、添置动物活动设施等，尽可能地给动物创造适宜生存的模拟自然环境。

2017年6月，北京动物园开展热带小猴馆改造工程。加固、改造小猴馆主体建筑结构，改造后的小猴馆扩大采光面积和通风设施，进一步改善原有饲养管理环境，提升动物福利，保障防火安全。

图4-63 2017年改造后的热带小猴馆

八、鹰山

　　2006年10月，北京动物园新建鹰山景区开放。根据公园总体规划，将原猛禽栏迁至长河北区，建成鹰山景区。整个鹰笼展场以钢柱作为支撑，"工"字形钢梁连接并起到固定作用。展场采用厚加胶玻璃和不锈钢网间隔展窗形式。鹰笼顶部采用斜拉索式不锈钢软网。场内山体全部由人工建造，最高峰为14.7米，依山形做大、小瀑布和叠水5处。根据地势设种植槽、水池、鹰窝等，山脚下做循环水池及动物饮水池，周围仿造生态景观码砌山石，栽植树木、铺种草坪，安装绿化喷灌装置。鹰的兽舍和管理间建造于山体内，砖混结构，功能齐全。展场东侧修造钢木结构栈桥和参观平台，与东部犀牛河马馆展区连接，展馆之间过渡更加趋于自然。在吸引大量游客的同时，对游览高峰时段游人的分流起到重要作用。鹰山景区竣工后，引进了金雕、秃鹫、高山兀鹫、大鵟、白尾海雕等猛禽，并安装新的动物介绍牌示，方便游客参观（图4-64）。

　　2007年4月，北京动物园在鹰山景区建多功能休闲厅。休闲厅东、西两面侧窗均为大块玻璃，厅内设置有水池、仿真树及花草，西、北两面有鸟类动物的标本装饰。南面入口处设立1座仿铜鹰雕塑。

图 4-64　2006 年建成的鹰山

九、食草动物区

2007年4月，北京动物园新建食草动物区。原展出的食草动物除亚洲象、犀牛、长颈鹿等大型动物单独建有场馆外，其他动物均在鹿苑、原驼圈等兽舍饲养，孔径密实的点焊铁网和铁栏杆将运动场分隔成若干个小运动场，动物活动受到一定限制，不利于动物生长繁殖。为打破这种多年延续下来的饲养展示形式，探讨出一种介于笼养与野生放养之间的新型展览模式，北京动物园在公园北区犀牛河马馆西侧新建了食草动物区。该区以运动场展示为主，用山石墙将其隔成4个区域。西侧搭建的5间兽舍，可以满足动物繁殖、育幼和冬季御寒需求。为增强展览效果，兽舍立面绘制自然风景彩绘，运动场内及周围种植小型灌木和补植乔木，在码砌隔断墙时预留种植槽，可种植应季花草。由于没有围网和场内隔断，动物活动空间开阔，入驻的野驴、野马、牦牛、骆驼等食草动物可在场内奔跑、磨蹄，有利于其生长和繁殖。

2013年，食草动物区北片区改造，分4个区域，各区域之间以圆柱形栏杆相隔，外围砌筑毛石墙。饲养员可以根据不同的需要把动物分布于各个运动场。兽舍、工作人员值班室为砖混结构，外部装饰为

图4-65 2013年改造后的食草动物区

茅草屋形。东、西两个区域参观形式采用玻璃幕墙，中间区域采用壕沟式将动物与游人隔开，运动场外环绕着参观通道，同时运动场内按动物生活习性进行搭建假山等丰容改造（图4-65）。

十、澳洲动物区 *

2007年4月，按照"野生动物栖息地设置展示区域"的原则，将原鸸鹋、鸵鸟舍改建为澳洲动物区（图4-66）。依据所展示的野生动物生活习性和原生态环境特征以及展示效果，运动场外围采用不锈钢编网及双层加胶复合玻璃围合，用空腹型钢框架固定，下部砌短垣。紧邻运动场的西北侧有3间兽舍，供热带动物在冬季时栖息，游人亦可隔着玻璃观看。运动场周边做花岗岩汀步石。兽舍间用木栈桥连接，贯通东、西景区，东侧与鼬风桥连接，西侧与西部景区主路连接，游人可在桥上近距离观赏动植物。

图4-66 2007年建成的澳洲动物区

　＊　北京动物园澳洲动物区饲养动物种类主要为大洋洲范围内澳大利亚、新几内亚等地生活的野生动物，如单垂鹤鸵、袋鼠等。"澳洲"一词在本书中仍沿用。

动物运动场内依地形而铺种草坪和栽种低矮植物，种植小叶黄杨、大叶黄杨、笔竿竹，移植雪松、丝棉木、国槐、榆叶梅、丁香等乔灌木，铺种草坪，有效地起到了调节环境、延伸景观的作用。

2007年在澳洲动物区东侧建图腾柱雕。图腾是远古时代的民族崇拜物或民族标志，现今人们已将图腾的内涵加以延伸，成为一种思想意识或文化形象，即以图腾形象作为群体的标志或象征。为突出澳洲特有的动物，在新建成的澳洲动物展区东侧，以平行对称形式设置8根花岗岩材质石柱，柱子断面为正方形，柱高5.5米，柱体表面分别用汉白玉、晚霞红、墨玉、翡翠绿、木化石等石料，采用"具象型"手法雕刻袋鼠、鸸鹋、食火鸡、针鼹、树袋熊、棕狮蜥，以及水禽、猛禽、鸣禽等澳洲地区动物高原浮雕镶嵌，丰富观赏视角，充实观赏内容，对游客参观起着引导作用，营造出该展区特有的文化氛围。

2009年5月，对澳洲动物区鹦鹉展笼进行造景装饰，在原15间展笼内设置栖架，采用专利材料制作仿真树木，在主干枝上制作巢穴，在巢穴壁上铺设木板并制作观察口，采用活体树枝对树的分枝及侧枝进行装饰。为加大鹦鹉活动量，利于鹦鹉进食，在分枝上设取食器、水槽，还安装插食器。考虑鹦鹉喜潮湿等特点，在电焊网展笼上端安装喷雾器，以调节展区湿度。在展笼周围及顶部利用澳洲当地植物叶的特点进行装饰。

2014年，将澳洲动物区广场绿地整体进行景观改造，广场内增设澳洲特色的考拉座椅、中国版图象形的山石等具有象征意义的元素，调整游览路线，重新铺设路面。改造后，澳洲动物区加强了广场集散、景区隔离的功能。

十一、奥运熊猫馆

2008 年，为迎奥运，北京动物园对大熊猫馆进行改建，拆除建于 20 世纪 50 年代的原熊猫馆，并在原址上翻建。新建筑为二层钢结构建筑，含室内运动场，游客参观区、休息区和服务区。在奥运会期间，馆内展出了由四川卧龙中国保护大熊猫研究中心提供的 8 只大熊猫。

为提高熊猫活动时的新奇感和增加动物嬉戏场地的趣味性，室内外运动场的布置尽量模拟原生态自然景观，修建木桥、架设云梯、堆砌假山、修造水池、铺种草坪、安设图腾柱等，既丰富了参观者的视觉效果，又能满足大熊猫日常活动需求。大熊猫馆展区由亚运熊猫馆、奥运熊猫馆组成，改造时将两馆合为一个整体，扩宽亚运熊猫馆出口，疏通相互衔接的参观通道，使新旧馆、室内外的参观路线更加通畅。

两熊猫馆之间，建一处儿童画展示墙，由 2008 块砖画组成（图4-67）。一幅幅砖画均来自四川，画面上反映出孩子们对祖国、对大熊猫的热爱，以及对奥运会的期盼。因其制作过程，正值"5·12"

| 图 4-67 2008 年设立的儿童画展示墙 | 图 4-68 2014 年改造后的奥运熊猫馆 |

汶川地震发生期间，画面中也显现了孩子们"关注灾区，祝福灾区人民早日渡过难关，重建家园"的美好心愿。

2014年，奥运熊猫馆内游客参观大厅及兽舍运动场改造。动物兽舍运动场内采用熊猫原生地自然和人文环境特色，以竹林、羌族碉楼为造景元素，打造立体效果兽舍场景，在南北墙面制作浮雕式山石形种植池，栽种植物。地面以水池、栖架、山洞为主体，合理配置乔灌木、草坪地被、竹类植物等，形成层次丰富的兽舍环境（图4-68）。

十二、犬科动物区

北京动物园犬科动物区（图4-69）建于2008年，位于公园东部。园内有黑背胡狼、豺、狼、斑鬣狗等多种犬科动物，长期以来都是分散饲养，不便于管理，也不方便游客参观。动物园将原袋鼠兽舍改造为犬科动物区，集中展示，采用玻璃围墙的方式对动物进行分隔，根据动物活动特性部分区域加装了顶网。

2011年，制作群狼雕塑一组，按真实成年动物等比例制作，成为颇受游客青睐的一处雕塑广场。

图4-69 2008年建成的犬科动物区

十三、猫科动物区

2009 年 9 月，复建猫科动物区。新猫科动物馆为砖混结构（图4-70），设计打破传统的单层平房式兽舍设计思路，将局部二层的立体空间式兽舍与游客参观道相结合。展馆分为丛林区、荒漠区、高山区及热带雨林区 4 个展区，各展区均设有独立的动物兽舍和运动场，展馆间通过室外通道相互连接。上、下两层的馆舍部分，分别设有 8 间兽舍、运动场和 4 间兽舍及运动场，馆舍南侧还单独设立猎豹展区，每间兽舍都有相对应的室外运动场。在二层单独设立 3 间不对游人开放的治疗兽舍和室外运动场，给动物营造出相对静谧的休息空间，与喧嚣的环境暂时隔离，极大地改善了动物饲养和生存条件，提高了动物福利。猫科动物区建成后，饲养展览着包括美洲狮、猞猁、猎豹、黑豹、豹猫、狞猫、金钱豹等 11 大类的 19 只大、中型猫科动物。兽舍地面提高，安装玻璃幕墙。热带动物区顶部采用球形网架设计；为增加新馆的采光度，顶层增加透光窗；室内展厅装饰以热带雨林藤蔓结构为主，仿真树、岩石、壁画、雕塑浑然一体，LED 节能灯、人造光纤和仿生音效相结合。为方便残疾人参观，还安装了一部残疾人专用电梯。

图 4-70 2009 年建成的猫科动物区

十四、猴山

猴山位于公园东南角，2006年因北京市重点工程展览馆西路要穿越猴山上方，经多方协商，最终将猴山参观通道、隔离墙拆除，原山体保留了下来，但是猴山内的石头主峰被削低1米。当时部分猴被迁到两栖爬行动物馆西侧外的临时馆舍内。

2009年，将原猴山外水泥台阶拆平，在原水泥池位置搭起2.5米高的玻璃墙，整体为钢结构。为防止猴子丢失或逃跑，顶部采用方格铁网封顶。将支撑整体的钢柱装饰成树干，一根钢柱装饰为定海神针，并对猴山内的娱乐设施进行油饰，使老猴山产生了焕然一新的效果。猴山复建后（图4-71），原石头山体上标注了猴山诞生时间以及改造、复建等重要时间点的年份作为纪念。

图 4-71　2009 年复建后的猴山　　　　　图 4-72　猴山雕塑群

2009年，猴山周边建成26件玩猴石雕，它们形成了1处雕塑群，这也展现了猴的群居性（图4-72）。

2017年，动物园管理处在猴山隔离玻璃下方填塞了鹅卵石，堵住了原来可以塞食物的缝隙，有效防止游客投喂。

第五节 🌐⚬
21世纪10—20年代兴建的动物场馆

21世纪10−20年代建造的动物场馆更加注重"友好"设计理念，通过设置科普宣传牌进行动物保护的科普教育，将动物保护公益理念继续融入其中，把"模拟动物野外生存环境，提高动物福利"广泛运用于馆舍设计和丰容改造中，使游客获得"人类、动物、环境"紧密关联的综合体验，向游客充分传达"保护动物需要通过保护它们的自然栖息地的途径来实现"的信息。

一、羚牛馆舍

2012年4月，北京动物园根据羚牛的生活习性，在原有平房兽舍的基础上进行改造，加固、加厚兽舍屋顶，模拟山景，在运动场内焊接钢结构的支架、铺设原木坡道，让羚牛可以到屋顶休闲（图4−73）。

图4-73 2012年建成的羚牛馆舍

二、小型食肉动物区

北京动物园小型食肉动物区（图 4-74）建于 2019 年。该展区位于小熊猫展区东侧，模拟森林、荒漠、极地苔原、热带雨林等 8 种生态环境，设置 11 个室外运动场，栽种植物 30 余种。浣熊、沙狐、赤狐、黑背胡狼、细尾獴、花面狸、蓝狐、银狐、黄喉貂、貉等 10 个品种 18 只动物入住新馆舍。其中，黄喉貂只有北京动物园展出，在中国城市动物园中也仅此 1 只。展区根据动物原始生活环境特点进行设计，使笼舍环境更贴近自然，提高了动物福利，加强了动物展示效果，并同时尽最大可能保护了动物天性。《北京日报》《新京报》《北京社区报》、公园自媒体平台等对该事件进行了报道。

图 4-74 2019 年建成的小型食肉动物区

三、美洲动物区

2011年4月，美洲动物区改造。该区域改造包括大食蚁兽兽舍及室外运动场、二趾树懒兽舍及室外运动场、美洲食草动物区、野牛兽舍及运动场改造和美洲动物区后期丰容改造。改造的美洲动物区在展示动物的同时，还展示与该地区相关的人文、植物、气候等地域特征。新建场馆把提高动物福利放在首位，尽可能模拟动物生存的自然环境，并考虑动物在行为及生理方面的需求。玛雅文化、南安第斯山土著民居风格是这里的主旋律，建筑风格以未经修饰的毛石为主体，以原木和木板为屋顶，各种美洲动物活跃其间，展现出一派原生态的南美风情（图4-75）。在对外展示形式上，用隔离沟取代了传统的铁栅栏和玻璃墙，让游客可以毫无障碍地欣赏动物的各种活动，拉近了游客和动物的距离。

4月27日，动物园美洲动物区正式对游客开放，二趾树懒、大食蚁兽、美洲驼鸟、原驼、羊驼、美洲野牛等8种30只动物搬入新居。

美洲区羊驼和原驼在运动场（图4-76）混养展出。两个种群的动物相处和睦，是颇为吸引游人的一处景观。

图4-75 2011年建成的美洲动物区

图4-76 2011年建成的美洲动物区

四、北极熊馆

为配合市政府进行展览馆西路建设工作，2006年原白熊山改为饲养黑熊和棕熊展示区。2011年5月新建白熊展区。建筑形式为单层建筑，框架结构，分为游人参观廊和室内参观展厅、动物室内展厅和室外运动场、动物兽舍和饲养操作间、配套卫生间和多功能厅4个区域。

2012年国庆节，4只北极熊来到了北京动物园。仿冰川环境的展馆内白色与蓝色相间的色调、宽大的运动场、供白熊玩耍的水池、特意为白熊添置的制冰机，使白熊的生活环境得到了极大改善，动物福利也逐步提高。海蓝色玻璃幕墙参观廊，满足游客观赏动物这一要求的同时，又避免了投喂对动物造成伤害的问题。在室内展厅中央设有制冰机，为北极熊提供真正的冰面小憩地。室内展厅和两个室外运动场各有1个循环水池供北极熊玩耍。水池安装制冷暖通、水处理系统，保证了温度、湿度和水质量。北侧为动物兽舍，屋顶上有单独的通风采光窗，内设自吸式饮水器，每间兽舍安装连动门，动物们可自由"串门"，同时对馆区周边绿化及道路、广场进行调整改造。室内参观厅内设立的下沉式参观通道，使游客可以直观地观察白熊在水中捕食和

图4-77 2011年建成的北极熊馆

日常生活的场景。北极熊馆的建成开放标志着 2006 年为展览馆西路工程让路的 3 个动物馆舍全部复建完成（图 4-77）。

五、马来貘馆

2011 年位于公园东部的老河马馆改建成马来貘馆。老河马馆建成于 20 世纪 50 年代，采用苏联的图纸建设而成，建筑形式为砖混结构。新改造的马来貘馆占地面积不变。室内外展示区景观按照国际先进动物笼舍丰容理论的标准进行装饰，模拟马来西亚、吴哥窟风格（图 4-78）。室外运动场（图 4-79），分成 3 个小运动场，营造瀑布，给动物创造了良好的生活空间，更利于圈养动物恢复其自然行为的表达。

图 4-78 马来貘馆室内

图 4-79 2011 年改建的马来貘馆

六、熊山

2014 年，北京动物园熊山改造，采用国际先进的分配通道公共空间设计理念，兽舍顶部采用大面积玻璃透窗，保障光照和通风，内部安装采暖、供电、上下水等基础配套设施。室外动物运动场展区分为3个区域，大大提高了动物的活动空间，同时将传统的俯视、直视参观形式改为玻璃隔断无障碍的平视、窥视，有效地避免了人为投喂，杜绝了安全隐患。场内进行景观丰容，借助原地势中"大树多"的优势，增设植被、山石、水域等视觉隔障，形成接近动物野外栖息地的生态景观。游客参观步道宽4米，采用防滑的透水砖铺设。周边广场则采用青石板、防腐木等材质，满足不同地段的使用需求（图4-80）。

　　在现有的基础上进行景观提升，丰富植物品种。以四季常青的松

图 4-80 2014 年改造后的熊山

柏类乔木和色彩艳丽的高大叶乔木为主,搭配早春开花的极富山林野趣的小乔木与花灌木,形成溢彩密林景观。

东墙和东走廊两侧改造为科普展览窗,以"大熊家族"为展览主线,通过图片、实物及模型等方式展示熊的进化史、分布、习性等相关知识,同时起到呼吁社会大众保护野生动物的作用。

2015 年,在北京动物园东部的白熊馆南侧修建了棕熊文化广场。场内有 10 只形态各异的棕熊雕塑,并依势造景,雕刻水、鸟、鱼仿真模型,配合水晶河底,营造出棕熊野外栖息地的生活环境。

七、小熊猫区

2015 年 5 月在老象房西南侧恢复修建小熊猫区(图 4-81)。新建展区占地面积约 500 米^2,配有室外运动场、参观休息廊。场内进行丰容,搭建两座动物栖架,栽植低矮花、灌木等,同时室内新建砖混结构兽舍两间。室外运动场采用玻璃隔断参观形式。参观休息廊为木质框架结构,铺设防腐木地板。

图 4-81 2015 年建成的小熊猫区

八、新雉鸡苑

2018 年，鸟苑南侧建成新雉鸡苑（图 4-82）。原有封闭的朱鹮保护繁育基地改造为开放式的雉鸡科普展示。封闭笼舍进行改造升级，展示方式由封闭式转变为开放式。由于雉鸡类都是胆怯和害羞的动物，为了避免其过度暴露于游客视线之下，采用 Z 形设计，Z 形笼舍侧壁形成折角，使之成为动物的庇护所，动物可有效躲避游客直视，而游客视角依然可以清晰观察动物。室内笼舍添加天窗，增加了采光和通风功能，更有利于动物健康。

在笼舍材质上，选用国际上新型的不锈钢编织软网，这种软质网能有效避免动物在受到惊吓时的冲撞，减少对动物的伤害。而且其透视效果较好，能够增加游览观赏性和舒适度，使游客无障碍参观。在笼舍外，种植小叶黄杨隔离绿化带，使动物与游客形成有效隔离，不仅丰富周边景观，也能起到防投喂的作用。

笼舍内，一方面依据雉鸡类动物生活习性，满足雉鸡活动及其喜好，另一方面结合植物景观规划，营造雉鸡生态绿色景观。由于雉鸡类分布于多种环境中，食性变化多样，大多以杂食为主。范围广泛的

图 4-82 2018 年建成的新雉鸡苑

食性，让饲养展示环境中的地表垫材和植被的重要性更加凸显。动物活动场配有水泥、沙、土、垫料4种材质，多种地表材质供动物自由选择。自然的垫材保持动物的自然觅食行为，垫料池制造微生物小环境，降解粪便。在地面摆放人工巢穴，为了满足动物需要，室内兽舍均设营巢，供动物自行选择。依据雉鸡类的生活习性，为其建造活动栖杠供其休息玩耍。同时，工作人员对废弃的木桩进行再利用，选择并应用自然材料，有效还原动物野外生存环境。

依据雉鸡喜好，舍内多采用结果植物，高低错落的灌丛不仅可为动物提供食物，同时也是动物的遮蔽所。灌木与竹篱有效将运动场进行隔离，避免相邻笼舍动物之间产生视觉压力，改善了动物的生活环境。夏季温度较高，为了给动物降温，在每间运动场上方设有喷淋设施，同时还能促进地表植被生长。对原有建筑和室外笼舍的改造，提升了游客参观体验，提高了动物福利。

2018年7月，新雉鸡苑馆舍正式投入使用。面向游客展出14种29只雉类动物。

第五章
北京动物园园林建设

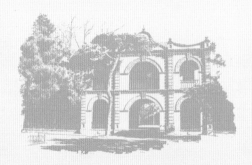

第一节
园林规划

  1949 年 2 月，北京市人民政府接管北平市农林试验所，将其更名为"北京市农林试验场"，当时场内一片荒芜。1949 年 9 月 1 日，北京市农林试验场更名为"西郊公园管理处"。经过整治、修葺、充实后，于 1950 年 3 月 1 日以"西郊公园"名称正式开放。1955 年 4 月 1 日，经北京市政府批准，西郊公园正式更名为"北京动物园"。

  中华人民共和国成立初期，由于国内没有建设动物园的经验或已建成的动物园模式可供借鉴，与国外动物园界又交流甚少，加之国家财力有限，百废待兴，因而北京动物园是在"边整治、边规划、边设计、边施工"中逐渐建设起来的。

  1950 年，《北京市人民政府公园管理委员会工作总结》中拟定公园发展重点是"西郊（公园）以动植物为其今后发展方向"。

  1955 年 2 月，北京市公园管理委员会《北京市公园初步改进意见书》中，对西郊公园日后的发展提出：西郊公园除动物应该发展外，应以天然式动物园为原则，一部分可辟为植物园，至于农场、果园可以不必保留。11 月 29 日，市园林局计划科制定《北京市园林局第二个五年（1958—1962 年）国际动物交换及动物园基本建设工程计划》，直到 1962 年都是沿袭苏联动物园模式。

  至 1990 年，新的发展规划明确从动物园绿化现状出发，绿化工作以"调整、改造、充实、提高"为基本方针。绿化规划的基本原则是根据动物园特点，分为全园大环境绿化、兽舍周围及运动场绿化和兽舍内部的植物配置绿化。在动物园总体绿化上力争达到"具有森林气氛"的园林效果，从局部上根据不同动物的生活习性及特点配置模拟动物原生态的环境，力求为动物的饲养繁殖创造自然的生态环境效果。

进入 21 世纪，动物园在保护公园历史风貌完整性的基础上，规划更加重视总体园林空间和环境的保护，致力于延续历史文脉，提高动物福利，营造适宜科普游憩、风景优美、具有生物多样性的丰富立体的园林景观环境。

第二节
园林景观

动物园园林绿化水平是体现其为一流动物园的重要标志之一。为使北京动物园加速成为一流动物园，必须做好规划，且动物园规划不同于一般公园，既要有一般公园的功能，又要尽可能满足各种动物对不同生态的要求，同时还要从规划上考虑动物园以"展览、科普、科研"为主题及其相应配套项目。

周总理在 1972 年已经指出"北京动物园要改变面貌"，刘少奇也指出"要把北京动物园办成全国最好的动物园"。建园以来，北京动物园在党和政府亲切关怀下，经过历届动物园人的共同努力，在旧农事试验场荒芜的土地上已建成国内较大的动物园。

1949 年接收农林试验所时，园内所余树木种类及株数有限，仅有花灌木 35 种 1799 株，油松 27 株、银杏 6 株、桧柏 25 株。园内还有一些榆树、柳树等速生树种及龙爪槐、龙爪枣、龙桑、长山核桃等稀有树种。

1953—1958 年，随着国民经济的迅速发展，国内出现绿化、美化环境的高潮。园内的动物种类迅速增加，兽舍不断兴建且周围都配套有绿化。兽舍周围种植草坪、绿篱，大量栽种油松、桧柏等常绿树。绿化面积占当时全园面积的 75%。

1950 年，北京市人民政府对园林绿化提出"普遍绿化、重点提高"和"以园养园"的方针，以种植速生快长树为主，如垂柳、加杨等。在熊山、狮虎山周围种植黑松、侧柏等常绿树。至 1959 年，全园共有乔灌木 14 万株，其中果树 4925 株。

60—70 年代，根据"绿化为主，结合生产"及"首都是祖国的窗口"等精神，要发展花卉，以显示我们国家繁荣昌盛景象的有关精神，园林绿化和花卉生产再次进入高潮。在此期间，乔灌木增至 120 余种20 万株（丛），各种花卉达 129 种，形成了"绿树成荫、繁花似锦"的局面。整体要求既照顾功能，又符合疏密有致的园林设计原则。

党的十一届三中全会后，改革开放为园林事业注入了新活力。绿化工作基本确立为以平面布局的森林自然景观为主，加强兽舍内外的绿化美化及小区改造与建设的指导思想。

全园以"逐步建成森林式公园"为目标，对原有绿地进行有计划的改造，使整个大环境更加和谐、融洽，实现"黄土不露天"。1979 年，绿化工作既强调动物原分布地域的环境因素，又考虑速生树与慢生树、常绿树与落叶树的比例，加强了动物运动场内树木的保护措施。80 年代中后期，草种由绿色期短的品种逐渐更换成绿色期长的冷季型草，扩大了垂直绿化区域，在草皮地内种植宿根花卉，丰富绿地色彩，消灭斑秃现象，多植常绿乔木或花灌木，增加绿色植物覆盖率。室内则根据不同场馆情况，摆放棕榈、变叶木、铁树（苏铁）等热带、亚热带植物，与所展动物有机结合。工作重点放在增加兽舍活动场绿化上，同时已开始注意兼顾动物福利，提高遮阳效果。

90年代，园区引进大量新优品种的花灌木和宿根花卉，加强山坡绿化，并根据植物习性和环境条件，因地制宜地选择花灌木品种，种植了金银木、珍珠梅、女贞、鞑靼忍冬、阿诺红忍冬、水栒子、绣线菊、紫薇、水蜡、栾树、爬蔓卫矛等植物。北京动物园特色盆花是一串红和鸡冠花。

在早期的动物园景观植物配置过程中，不仅兼顾美观和动物原生环境景观营造需要，而且注重因地制宜，多选择抗病虫的植物品种，同时还要考虑有毒、有刺、芳香植物对动物及游人的影响。

进入21世纪，随着生物多样性和动物福利理念的深入人心，动物园的植物景观在保护历史风貌，特别是特色植物片区，如丝棉木、楸树等景观的基础上，增加了绿化总量，强化了绿化对环境的卫生防护作用，有意识地使植物种类更加多样，丰富了植物复层结构层次，注重常绿树、落叶树、乔灌草比例及色叶树使用，提高了植物覆盖率，改善了动物园环境，提升了环境舒适度。以乡土植物为主，加强对野生地被的保护利用，为游人提供环境优美、安全生态的公共休闲空间。根据野生动物栖息地的环境条件，结合地形组织，利用植物群落，合理分隔空间，模拟再现了动物原生环境，致力于动物福利改善，为动物创造合适的栖息地，达到对公众进行保护教育的目的。

经过多年的实践检验，北京动物园逐渐形成了以桧柏、白皮松、云杉、国槐、栾树、银杏、洋槐、青桐（梧桐）、法桐、白蜡、小叶朴、七叶树、黄金树、杨柳等为骨干树的园林景观。近年来，为了打造动物园里的植物园，北京动物园引进了特色乡土树种和珍稀植物，如锦鸡儿、珙桐等，还种植蜜源植物、芳香植物及冬果植物。园林景观呈现出"一河两横三纵多片区"的景观结构。在保护历史风貌基础上，延续历史文脉，提高了生物多样性，体现了展区特色，提升了整体的景观风貌，使北京动物园成为有别于其他城市动物园的、历史厚重感与现代气息相交织的文化型动物园。

参考文献

龚艺群，2016.中国留洋建筑师的优秀代表：傅佰锐 [J].建筑副刊（11）：72-74.

何蓓洁，王其亨，2017.清代样式雷世家及其建筑图档研究史 [M].北京：中国建筑工业出版社.

侯江，李俊红，欧阳辉，等，2016.近代中国的植物园 [J].博物院研究（1）：60-78.

胡宗刚，2011.北平研究院植物学研究所史略 [M].上海：上海交通大学出版社.

王树标，陈旸，李晓光，2018.北京动物园牡丹亭与牡丹文化 [M].北京：中国农业出版社.

杨小燕，1996.乐善园始末考 [J].北京园林（1）:35-37.

杨小燕，1999.清乐善园与继园变迁之研究 [J].历史档案（2）：79-80.

杨小燕，2002.北京动物园志 [M].北京：中国林业出版社.

张善培，2010.老北京的记忆 [M].北京：社会科学文献出版社.

赵省伟，吴志远，2020.北京动物园 [M].广州：广东旅游出版社.

朱强，等，2019.今日宜逛园 [M].北京：中国林业出版社.